前言

戰爭殘像的呼喚

歡迎來到戰爭的世界史劇場！

誕生在和平的現代社會，戰爭二字早已經變得非常陌生。其實放眼周遭，還是能夠發現不少「戰爭的風景」遺留下來。

舉例來說，日本各地都有所謂的「日俄戰爭紀念碑」，碑文多是表揚記載當地參軍出戰的男子姓名。進入明治時代以後，日本曾經多次舉全國之力發動大戰，除職業軍人以外，還透過徵兵制把許多普通市民也給送上戰場。進一步查找此類史實，很快就會遭遇到類似下面這則的故事。

東京銀座有家洋食餐廳名店「煉瓦亭」，是用生的高麗菜切絲來搭配炸豬排（Côtelette）的百年老店，可是據說從前該店原本是以馬鈴薯、胡蘿蔔油炸或煎炒作為配菜。

原來日俄戰爭（西元1904～1905年）期間，年輕廚師都去打仗了，店裡人手短缺，所以才改用備料比較迅速簡單的高麗菜絲作搭配，沒想到油炸豬排和清爽高麗菜絲的組合正中日本人的口味喜好，於是才一直延襲至今。「炸豬排」當中的日俄戰爭——顯然這便是所謂的「戰爭的殘像」。

這是本「戰爭史」的書。體裁卻是以戰爭為切入點，帶領介紹讀者一同探究從古至今的世界史。其實戰爭本就是世界史進程中一個非常重要的推進力，本書便是以這種觀點寫成的一部劃時代作品，而這也是筆者的自我期許。

筆者還在每章每頁插入各種有趣的圖畫、專欄和小故事，好加深讀者的理解和趣味，其中當然也有許多會讓讀者忍不住想要跟別人分享的戰爭史、世界史小知識。

2020年1月吉日

祝田秀全

第1章 古代地中海世界與亞洲的戰爭

第2章

中世歐洲與伊斯蘭世界的戰爭

第3章 主權國家的成立與歐洲的戰爭

第4章 近代世界的革命與國際戰爭

第5章 戰爭的世紀與兩次世界大戰

第6章 戰後世界的戰爭

第 1 章

古代地中海世界與亞洲的戰爭

第1章介紹的世界史

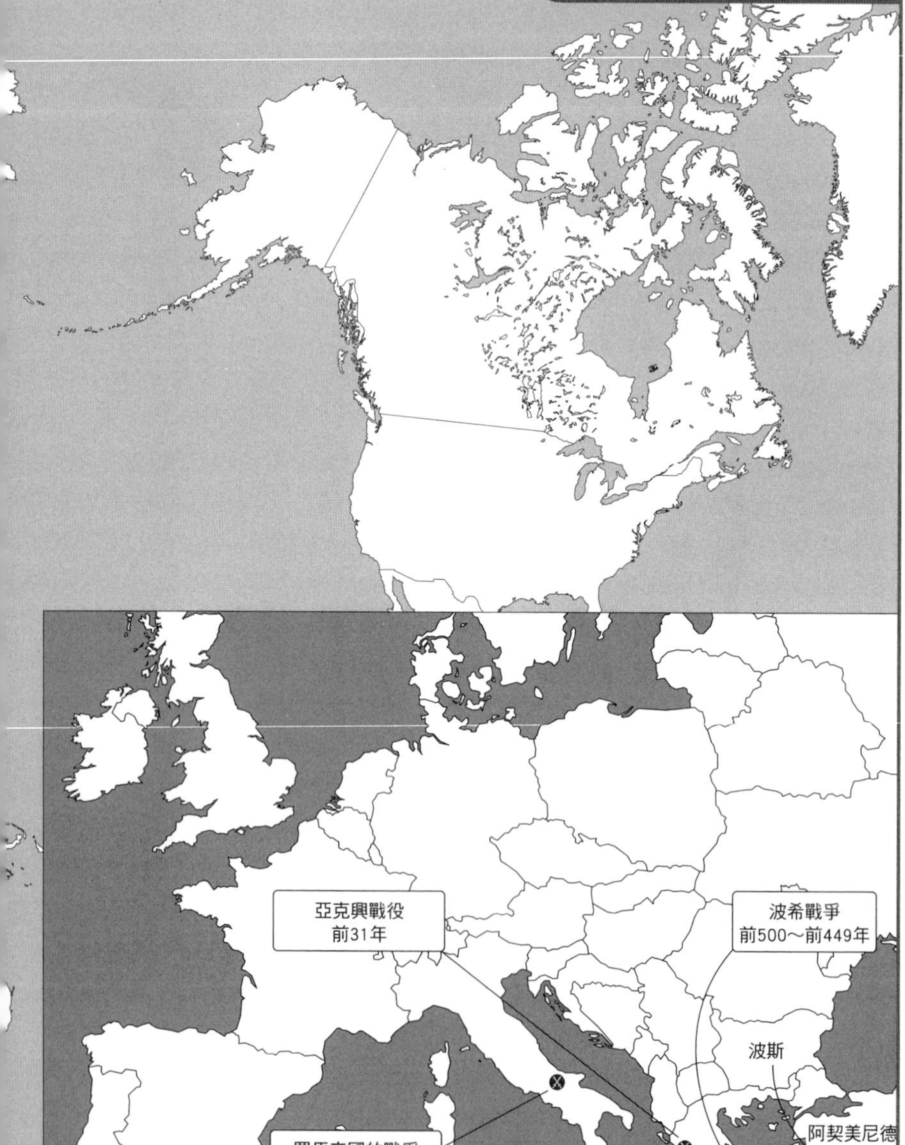
亞克興戰役
前31年
波希戰爭
前500～前449年
波斯
阿契美尼德
王朝
羅馬帝國的戰爭
前133～前30年
希臘

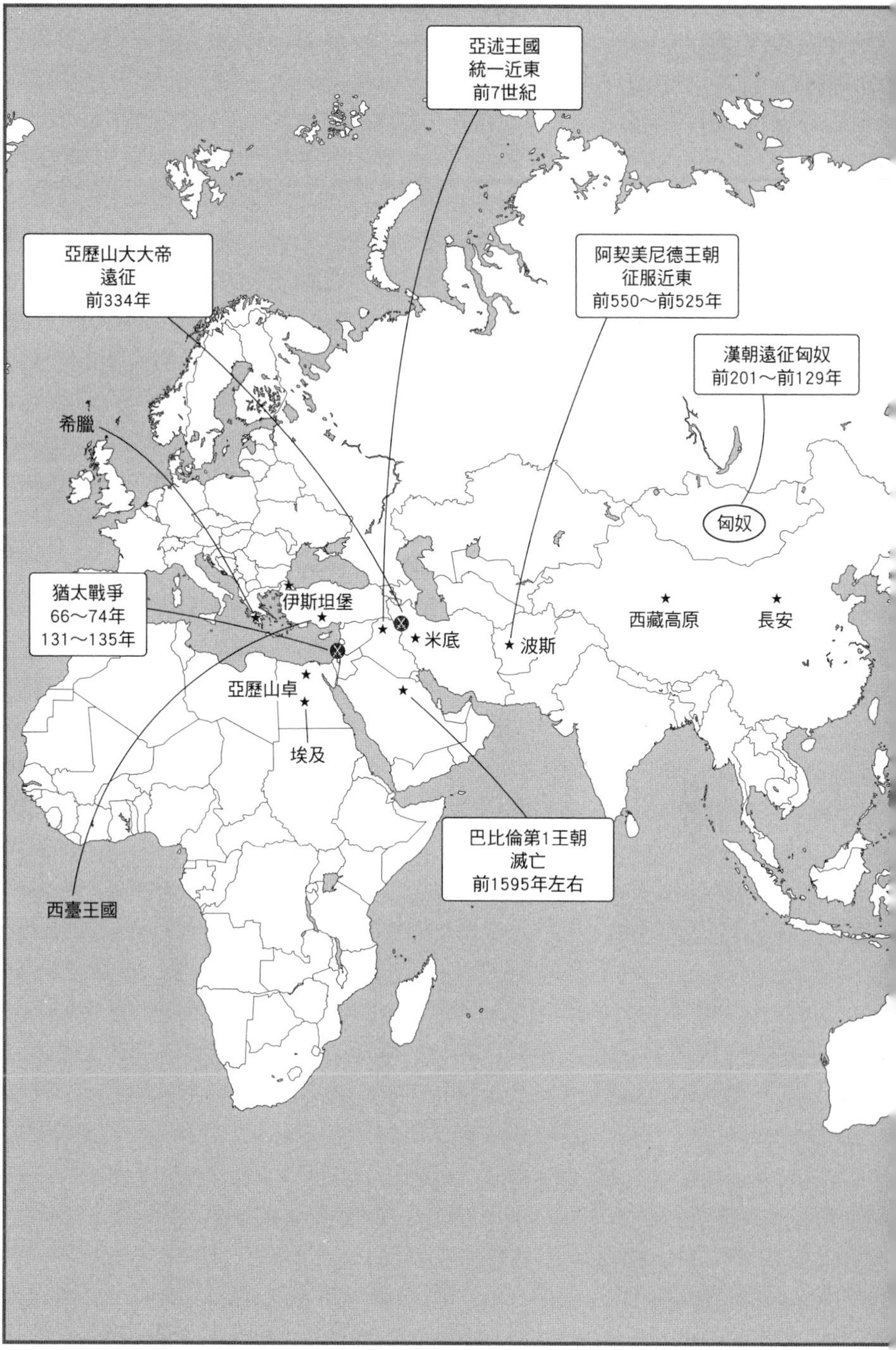
亞述王國
統一近東
前7世紀
亞歷山大大帝
遠征
前334年
阿契美尼德王朝
征服近東
前550～前525年
漢朝遠征匈奴
前201～前129年
希臘
匈奴
猶太戰爭
66～74年
131～135年
伊斯坦堡
米底
波斯
西藏高原
長安
亞歷山卓
埃及
巴比倫第1王朝
滅亡
前1595年左右
西臺王國

漢遠征匈奴 【西元前201～前129年】

絲綢之路源自交涉聯合出兵的出使路線

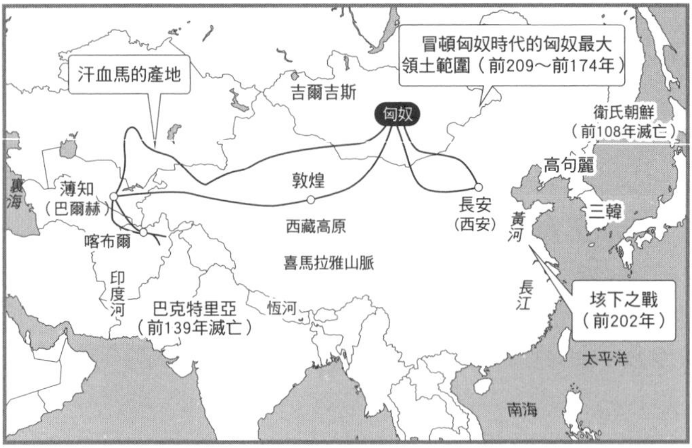

冒頓匈奴時代的匈奴最大領土範圍（前209～前174年）
汗血馬的產地
吉爾吉斯
匈奴
衛氏朝鮮（前108年滅亡）
高句麗
裏海
薄知（巴爾赫）
敦煌
長安（西安）
三韓
黃河
西藏高原
喀布爾
喜馬拉雅山脈
印度河
長江
垓下之戰（前202年）
巴克特里亞（前139年滅亡）
恆河
太平洋
南海

日本人也愛的東西橫亙通商之路

絲綢之路，簡簡單單只是一個名字，便激起了無數人的浪漫想像。絲路東起中國長安，途經土耳其伊斯坦堡，西抵埃及亞歷山卓，是**連接東西兩個世界的一大貿易道路**。

20世紀初，一名日本人來到了這條絲路，那便是東京帝國大學專攻建築史的教授伊東忠太。旅途中，伊東巧遇了京都西本願寺的第22世法主大谷光瑞，兩人意氣相投。日本人鍾情著迷於絲路，由此可見一斑。

因戰爭發展形成絲路

這條貿易通商路線的開拓形成，其實是來自於戰爭的需求。西元前3世紀，蒙古高原到黃河上流西方一帶有支名叫匈奴的蒙古系遊牧民族（註1）崛起，勢力影響壓迫到了中國的漢王朝（西漢）。

西元前201年，冒頓單于率領匈奴越過萬里長城入侵中國，翌年占領了黃河中游河套的鄂爾多斯（註2）地區。為反抗入侵而主張發兵出擊的，是漢王朝的**第7代武帝**（在位前141～前87年）。

西元前137年前後，武帝派出

焦點人物

司馬遷

（前145／135？～前87／86年？）

漢武帝時代有位著作《史記》的史學家名叫司馬遷。司馬遷因為評價遭匈奴俘虜的將軍李陵時意見與武帝相左，又堅持不肯改換主張，故遭武帝處以私刑、被割去了性器。史家不可趨炎附勢，歷史須得客觀分析事實。司馬遷便是秉持著此等信念，以為自省。

司馬遷的《史記》是部130卷的大作，涵蓋從古至西漢武帝時代的全部歷史。《史記》的最大特徵便是以〈本紀〉記錄皇帝在位期間諸事，特別值得介紹的其他人物則寫成〈列傳〉記載。

這種史書編纂方式叫作紀傳體，後世各朝各代寫史無不援引《史記》為圭臬。中國史上最古老的王朝是殷，《史記》卻說在殷商之前還有夏，至於夏是否確實存在過，仍是未解之謎。

特使前往位於現在阿富汗的大月氏國，受到拔擢的使者名叫張騫。武帝派張騫去大月氏國約定兩國同時出兵夾擊匈奴，可惜出使交涉以失敗告終，而**當時張騫出使走的路線其實便是後世絲路之雛型**。

西元前129年，武帝在未獲盟國出兵援助的狀況下獨力遠征匈奴，成功奪回領土。

原來絲路形成的歷史開端，竟然來自於中國與蒙古的血腥戰事。

接下來就讓我們把視線移到絲路的另一端，也就是古代的近東地區，因為這裡即將會發生許多對世界史多有影響的戰爭。

註1：名叫匈奴的蒙古系遊牧民族：一般認為匈奴是由許多遊牧族群集合結盟而成的國家，其下擁有許多不同的遊牧民族，其中各民族皆可被稱為匈奴。此處筆者所謂「名叫匈奴的蒙古系遊牧民族」似乎頗有可議之處。蒙古國內有觀點認為匈奴是現在蒙古族的直接祖先之一，也有人認為這觀點是錯的，蒙古人的直系祖先應是蒙兀室韋的一個分系。

註2：鄂爾多斯（Ordos）：即鄂爾多斯盆地，亦稱陝甘寧盆地。

西臺王國打敗巴比倫第1王朝【約西元前1595年】

鐵製武器與戰車的勝利

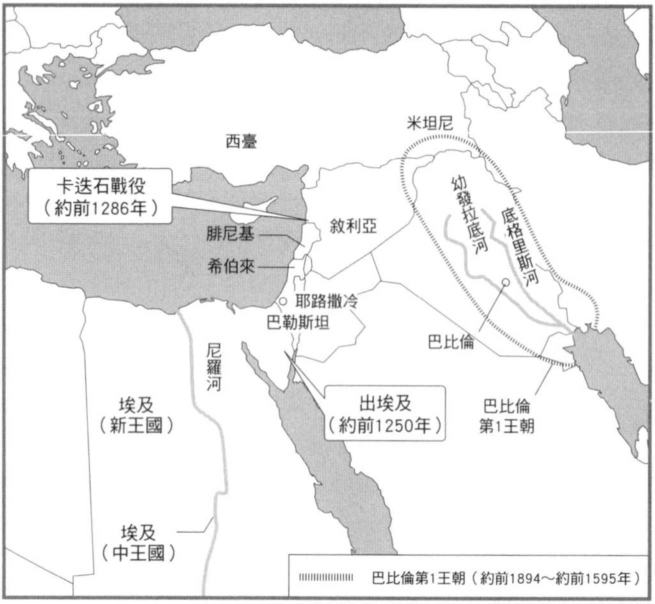

西臺王國已經懂得在戰爭當中使用戰車。

鐵與戰車改變了戰爭

西元前16世紀初的近東發生了一件大事，那便是素來以所謂**「以眼還眼以牙還牙」漢摩拉比法典聞名的國家——巴比倫第1王朝**（約前1894～約前1595年）滅亡。其首都巴比倫城的繁榮景象，便是承繼來自於淵遠流長的美索不達米亞文明。

至於攻滅巴比倫第1王朝的，則是誕生於今日土耳其境內的**西臺王國**（前1650～約前1200年）。西臺王國的崛起，大大改變了戰爭的樣貌。行軍打仗最重要的金

EPISODE

西臺王國的先進技術

●西臺戰車

西臺人在距今四千年前便發明了戰車。戰車左右設有車輪，輪面由六條輻條支撐。戰車的搭乘定員為兩名，一名是負責操縱戰車的駕車手，一名則是拉弓射箭的士兵。戰車之威力首重高速打擊，大大改變了戰爭的樣貌。

●西臺鐵劍

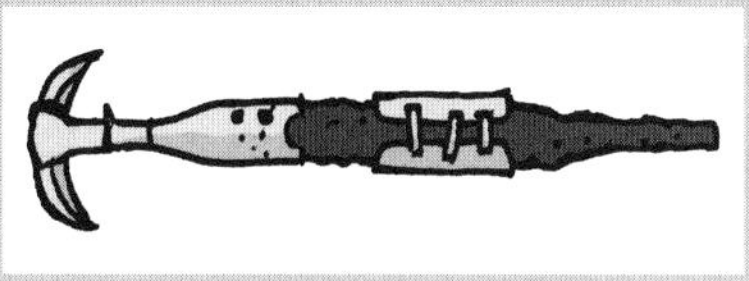

鐵劍的第一要件就是必須順手。西臺鐵劍的最大特徵就是質地比銅劍、青銅劍硬，可是握起來反倒更輕便，是實戰當中砍劈刺擊的最佳武器。

●製鐵技術

西臺人已經懂得將鐵礦石加熱成液態、從中萃取海綿狀的純鐵，接著再加熱鍛造，換句話說就是敲打鐵材、鍛鐵成鋼，而其製作方法乃是西臺的國家最高機密。原來西臺人就是掌握了先進的製鐵技術，方纔得以稱霸近東。

屬，自然就是「鐵」。早在距今三千數百年以前，西臺便懂得以**先進的製鐵技術生產質地強韌的鐵器並且應用於戰爭，從而在近東稱雄。**

西臺還為戰爭帶來了另外一項改革，那便是「**戰車**」。所謂戰車就是一種由戰馬拉曳、利用速度戰打擊敵人的載具武器。從此以後，如何使用戰車便成了左右戰爭勝敗的關鍵。

美索不達米亞地區（現在的伊拉克附近）受到底格里斯河與幼發拉底河兩條大河包圍環繞，土地肥沃、豐腴富饒，自然吸引眾多民族匯聚於此，熙來攘往。

時至西元前13世紀，此時又有來自地中海的「海上民族」大批從近東進攻登陸希臘，而西臺王國也在這陣混亂當中逐漸步向衰亡。

異民族的侵略征服帶來了圖書館

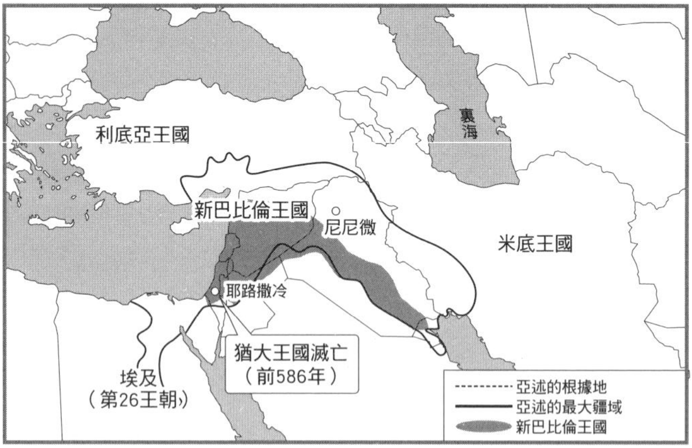
利底亞王國
裏海
新巴比倫王國
尼尼微
米底王國
耶路撒冷
猶大王國滅亡
（前586年）
埃及
（第26王朝）
亞述的根據地
亞述的最大疆域
新巴比倫王國

亞述的統治與滅亡

亞述王國是第一個統一近東的國家。西元前11世紀左右，擅長運用馬匹的亞述人以美索不達米亞（今伊拉克）北方部為根據地，推展流通商業以致發達崛起。其實該地本就是東來西往的重要中繼地，**交通條件可謂得天獨厚**。

西元前8世紀中葉，亞述人出兵地中海東岸的敘利亞和巴勒斯坦以求進一步拓展商業版圖，還開始染指海上貿易。與此同時，大馬士革還有被譽為「陸地商人」的亞蘭人。後來亞述人又占領最繁榮的都市巴比倫，掌握了美索不達米亞。其間亞述人甚至還攻滅了猶太人的以色列王國，迫使猶大王國稱臣進貢。

亞述人之強大，在於軍制改革。他們先是強化戰車的車輪、將戰車大型化，又從各地召集久經訓練的精銳軍人編制作為常備軍隊。

為研究而有系統地保存管理資料

亞述王國之巔峰，當屬前7世紀中葉**亞述巴尼拔國王**的治世。他掃平埃及和周邊諸國、君臨近東，還在首都尼尼微建立**全世界第一座圖**

焦點人物

亞述巴尼拔國王

（在位前668～約前627年）

西元前7世紀亞述王國鼎盛時期的國王。自西元前8世紀以來，亞述已經席捲了現在的伊拉克、約旦、敘利亞、黎巴嫩、以色列和土耳其，領土急速擴張。亞述巴尼拔即位以後又攻陷埃及和伊朗西南部，終於統一近東。首都設於底格里斯河上流的尼尼微。

19世紀考古學界陸續發現許多亞述遺跡，並從中發現一枚描繪勇士從戰車上投擲長槍射死雄獅的浮雕。

亞述巴尼拔素來便是以武力對其他民族行使高壓統治，恰恰跟這枚浮雕頗有相似之處。雖説宗教儀式有時也會殺獅子來獻祭，不過較起真來，也只有王者的強大與恐怖才能夠屈服雄獅。另一方面，亞述巴尼拔也是首創圖書館的發明者。他統治異族最注重「知己知彼」，所以特意從各地蒐集大量文獻，好從歷史文化面向來找出各地民族各自有何長處和弱點，而保存這些文獻的場所設施，便成了後來所謂的圖書館。

書館，將從世界各地蒐羅來的文獻全都集中在此。這座圖書館便是亞述解析文獻的情報資訊中心，也是研究統治方針的資料保管所，其定位跟現在的圖書館可以説是頗異其趣。

然而憑藉軍事力量施行高壓統治，很快就在各地造成積怨反感。亞述巴尼拔國王新亡不久，國內就分裂形成了四個國家，而亞述王國也在西元前612年滅亡。

阿契美尼德王朝征服近東【西元前550～前525年】

《聖經》其實是波斯人授意下的產物

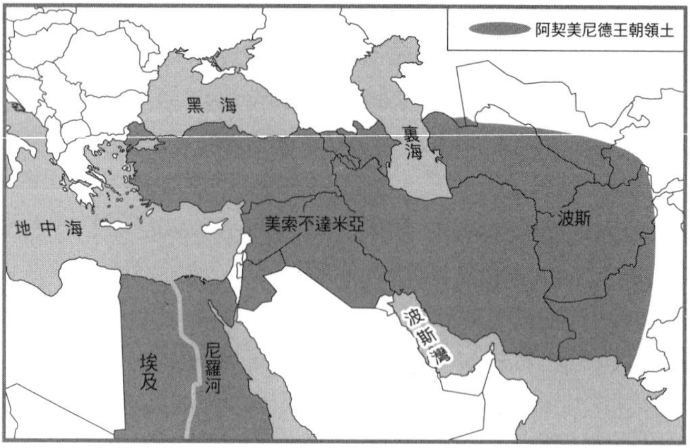

認同各民族固有文化進而催生出《聖經》

自從西元前612年亞述王國分裂成新巴比倫（今伊拉克、敘利亞一帶）、米底（今伊朗附近）、利底亞（今土耳其）和埃及總共四個國家以後，不久又出現了一個令近東重歸一統的勢力，即**阿契美尼德王朝（前550～前330年）**。

阿契美尼德王朝的建國者是波斯的居魯士二世。他先是打倒割據現今伊朗的米底王國，以此地作為發動戰爭、擴張領土的根據地，接著又先後擊潰了利底亞和新巴比倫兩個王國。僅居魯士二世一代，阿契美尼德王朝便已經成功獲得了如此遼闊的國土。

阿契美尼德王朝又在居魯士二世死後將埃及也納入版圖，及至西元前525年，**整個近東終於完全落入阿契美尼德王朝掌握**。

以寬容認同代替高壓統治

阿契美尼德王朝的勢力範圍竟然遠及**愛琴海**、**埃及尼羅河流域甚至印度河**，幅員極為遼闊。既然幅員遼闊，境內各民族自然也就非常多樣。那麼阿契美尼德王朝當時是如何統治這些民族的呢？事實上，阿契美尼德王朝並未採取武力高壓統

● 阿契美尼德王朝的中央集權

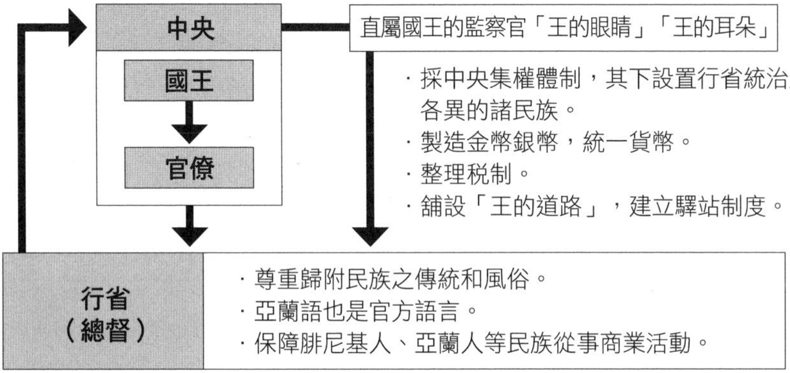
中央
國王
官僚
直屬國王的監察官「王的眼睛」「王的耳朵」
· 採中央集權體制，其下設置行省統治民情各異的諸民族。
· 製造金幣銀幣，統一貨幣。
· 整理稅制。
· 鋪設「王的道路」，建立驛站制度。
行省（總督）
· 尊重歸附民族之傳統和風俗。
· 亞蘭語也是官方語言。
· 保障腓尼基人、亞蘭人等民族從事商業活動。

EPISODE

《聖經》描繪的事物

《聖經》裡面有記載到神是用什麼東西來造人的，那就是黏土。黏土的猶太語叫作「亞當莫」（Adamo），換句話說神就是用亞當莫創造了人類。

阿契美尼德王朝之文化源自於美索不達米亞文明，這恰恰是個黏土的文明。美索不達米亞不但會用黏土來製作日曬磚瓦供作建築材料，就連記錄文字的媒體（黏土板）也是。至於《聖經》裡著名的巴別塔故事，靈感也是來自於美索不達米亞的塔廟（聖塔「天空神殿」）。其實《聖經》的字裡行間，處處都可以發現東方的氛圍氣息。

治，反倒對各民族的傳統文化、社會風俗習慣頗為寬容。

舉例來說，當時猶太人已經形成信仰，相信只要信奉唯一神耶和華、恪守其教義（＝律法）便能得救。若是如此，何不將這些**跟神約定的事項（＝契約）**清清楚楚地記載下來呢？提出這個方案給猶太人的，恰恰正是阿契美尼德王朝，而這正是後來的**《聖經》（《舊約聖經》）**。

建國憑的是鐵血戰爭，但是說到國家的維持與發展，那就要有更加柔軟的手腕了。

古代美索不達米亞建造的塔廟。多是階梯式金字塔形狀。

猶太教的誕生

《聖經》乃是猶太教和基督教的經典，書中記載了神的話語、言行以及許多帶有教化意味的故事。《聖經》的故事首先要從猶太教開始說起：西元前13世紀，一批被埃及俘虜的希伯來（猶太）奴隸在摩西的領導下逃離了埃及。

當時摩西在西奈山獲得神授**「十戒」**，要他們信耶和華為唯一的神，如此猶太人就會獲得救贖。不過「十戒」又規定猶太人不得追求神的形象、不得製作神的肖像、不得膜拜。這些人神之間的約定事項被稱作「契約」，該宗教就被稱作**猶太教**。

猶太教得以成為希伯來民族的宗教，卻是因為西元前586年的**巴比倫囚虜**事件。當時希伯來人遭鄰國新巴比倫王國侵略亡國，希伯來人被擄到巴比倫成為囚虜。

從那時起希伯來人就渴望獲得救贖，一直引頸期盼著**神派遣彌賽亞（救世主）**出現。

《聖經》成書

耶和華信仰便是如此這般發展成為屬於全體希伯來人的民族宗教——猶太教。後來這些囚虜獲得阿契美尼德王朝的尼魯士二世釋放，當時不少希伯來人自願選擇留在巴比倫；他們對**美索不達米亞文明的歷史與文化**表現出高度興趣，還把在巴比倫看到、聽到的許多話題都寫進了《聖經》裡面去。

西元30年左右，救世主耶穌終於出現來到遭羅馬帝國奴役的希伯來人面前，並且推動進入「神的國」的運動。猶太教宗教領袖不滿其言行，迫使耶穌被判處十字架磔刑，原來耶穌推行的運動被判決為顛覆羅馬的叛亂罪。

復活＝神

誰能想到，耶穌竟然在處刑的三日後從十字架上憑空消失。其弟子都認為耶穌已經昇天，也就是回到神的身邊去了。這便意味著耶穌的

再生（復活）。

人死是不能復生的。「那麼耶穌究竟是什麼？↓應該不是人↓耶穌是神」這樣的耶穌信仰應運而生。這信仰早已不是猶太教，而是從猶太教枝分出來的新興宗教。

基督教的誕生

彌賽亞這個字又可以翻譯成世界共通語（註）的「基督」一字，從此信奉「**耶穌＝神的信仰**」的耶穌基督教，便逐漸發展壯大成為世界規模的宗教。

耶穌的言行思想源自猶太教，而他承繼該思想源流所做的發言和行動，則被後人奉為「新的一神教契約」（新約）。這便是為何基督教會有「舊約」和「新約」兩部《聖經》。

猶太教和基督教兩個宗教誕生的背後，便是**地中海東岸民族的受難史**。

註：世界共通語（Koine）：亦稱「共通語」、「自然共通語」、「折中共同語」，是指一種語言中的多個方言經過互相交流後，自然演化形成一種折中的共同語或通用語。

起初《聖經》僅流通於一部分的聖職者之間，直到15世紀中葉古騰堡發明活版印刷以後，《聖經》亦隨之出版、受到世人廣泛閱讀，並成為日後宗教改革運動的一大助力。

民主政治來自於戰爭

波希戰爭

【西元前500～前449年】

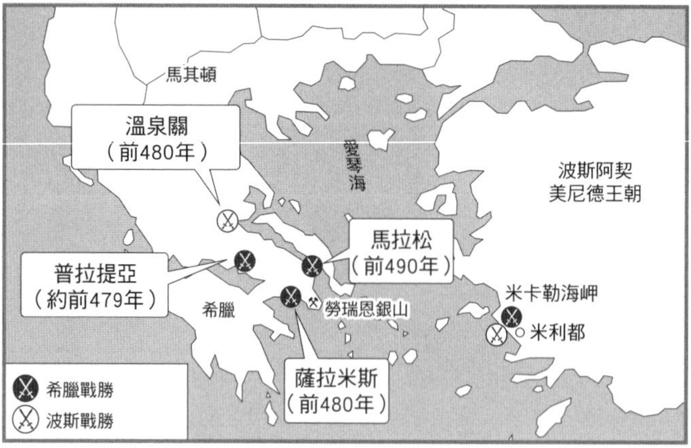
馬其頓
溫泉關
（前480年）
愛琴海
波斯阿契
美尼德王朝
馬拉松
（前490年）
普拉提亞
（約前479年）
希臘
勞瑞恩銀山
米卡勒海岬
米利都
薩拉米斯
（前480年）
希臘戰勝
波斯戰勝

波斯希臘大戰孕育的政治型態

波斯阿契美尼德王朝曾經在國力達到鼎盛的西元前5世紀，跟希臘發生過一場重大戰役。這是場東洋西洋兩個文明一決雌雄的戰爭，世稱**波希戰爭**。

隨著波斯的勢力範圍逼近希臘文化圈當中的愛奧尼亞（現在的土耳其西南沿岸地區），希臘市民決定展開反擊。阿契美尼德王朝想必是看上了愛奧尼亞正面愛琴海，是從事**海上貿易的經略要地**。

希臘人發現事態嚴重，各城邦（都市國家）遂結集組成聯盟主動向波斯人挑戰，從此揭開波希戰爭的序幕。

連綿戰事當中最亮眼的一戰，當屬西元前490年雅典人打的**馬拉松之戰**，雅典軍隊竟然擊敗了三倍的波斯軍隊。當時雅典街頭一片哀慽，眾人只覺得雅典恐怕是大敗臨頭。

傳令兵從馬拉松狂奔歸來，喊聲劃破了雅典城的沉寂。

「我們雅典戰勝了！」

實在太令人感動了！在薩拉米斯海戰當中，雅典連無產市民都下到軍船裡去划槳為國出力！波希戰爭便是如此由希臘取得了最終勝利。

● 重裝步兵與密集隊形

裝備頭盔、盾牌和長槍的步兵。以前後左右不留間隙的戰鬥隊形，結集成陣突入敵陣。

重裝步兵

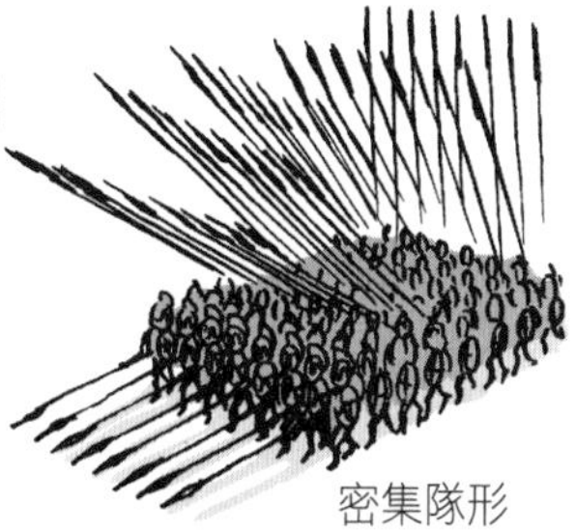
密集隊形

> **PICK UP**
>
> 馬拉松之戰乃是波希戰爭的關鍵一役。這場傳說戰役是直到近代奧林匹克第1屆雅典運動會（1896年）方得以揚名世界。運動會馬拉松賽事的距離長度，便是設定為從前傳令兵從馬拉松之戰跑到雅典的40餘公里，而馬拉松（marathon）這個賽事名也是來自地名的Marathon。拉丁語系的h不發音，所以唸作「馬拉東」。

● 雅典的直接民主政治

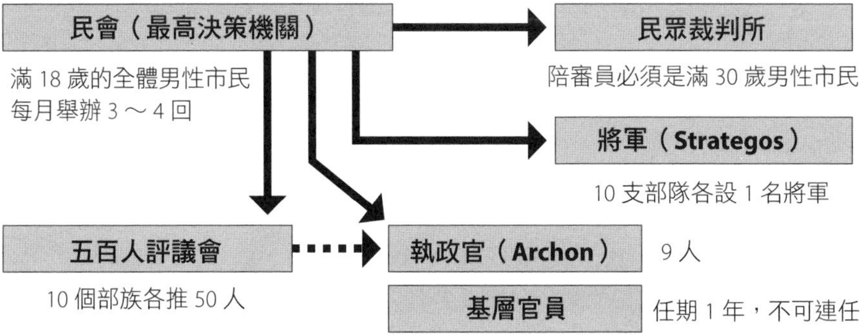
民會（最高決策機關）
滿 18 歲的全體男性市民
每月舉辦 3 ～ 4 回
民眾裁判所
陪審員必須是滿 30 歲男性市民
將軍（Strategos）
10 支部隊各設 1 名將軍
五百人評議會
10 個部族各推 50 人
執政官（Archon）
9 人
基層官員
任期 1 年，不可連任

市民的力量獲得重視 民主政治誕生

雅典人認為，**市民乃是此番戰勝的關鍵**。雅典也因此設立了由18歲以上男子運作的民會（直接民主政治）作為最高政治機關，同時也確立了**政治家必須是城邦守護者**的思想。

我們也可以說，民主政治其實正是拜戰爭所賜方得初具雛型，後來的民主政治便是由此而生。

佛像其實起源自希臘文化

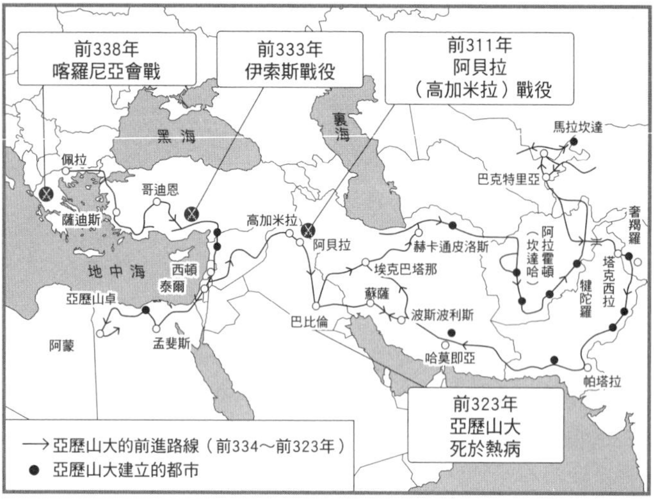
前338年
喀羅尼亞會戰
前333年
伊索斯戰役
前311年
阿貝拉
（高加米拉）戰役
黑海
裏海
馬拉坎達
佩拉
巴克特里亞
哥迪恩
薩迪斯
高加米拉
阿貝拉
赫卡通皮洛斯
阿拉霍頓（坎達哈）
奢羯羅
塔克西拉
犍陀羅
地中海
西頓
泰爾
亞歷山卓
埃克巴塔那
蘇薩
巴比倫
波斯波利斯
哈莫即亞
帕塔拉
阿蒙
孟斐斯
前323年
亞歷山大
死於熱病
⟶亞歷山大的前進路線（前334～前323年）
● 亞歷山大建立的都市

隨著大帝遠征散播流傳的希臘文化

波希戰爭結束以後，希臘世界又爆發了**城邦（都市國家）互相攻伐的戰爭**。最終勝出的會是雅典還是斯巴達呢？當時世人都在猜測議論希臘世界的霸主地位究竟會落入誰手。

豈料戰事陷入膠著、牽延日久，使得街道毀壞、城邦漸趨沒落，甚至還有鼠疫傳染蔓延，情況可以說是糟糕透頂。

為打破這個局面，希臘於是把希望寄託於鄰國馬其頓**亞歷山大大帝的遠征**，希望能透過探索東方世界來復興城邦、弘揚希臘文化。

自從西元前334年這個大膽的遠征行動展開以來，亞歷山大的軍勢便勢如破竹，幾乎要把波斯阿契美尼德王朝的領土悉數吞併。換句話說，西起埃及東至印度河全部都被亞歷山大納入囊中，使得希臘文化得以傳播達到其兵鋒所及的極東點印度河。

這次遠征以後，近東各地紛紛建立起以大帝為名的**東方城邦＝「亞歷山卓」**城，總數達70餘座。這些都市也成了施行統治的基石，令帝

焦點人物

亞歷山大大帝

（前356～約前323年）

亞歷山大在西元前333年的伊索斯戰役當中大敗阿契美尼德王朝，迅速建構起橫跨歐亞的世界帝國。從此希臘人（Hellenes）的文化成為「世界共通」，而希臘語也從埃及、土耳其一直傳到印度河甚至中亞去。

帝國雖然在大帝死後陷入分裂，可是伊朗的安息帝國仍以希臘語為官方語言，希臘諸神信仰也已然生根。亞歷山大13歲時曾經師從世稱「萬學之祖」的哲學家亞里斯多德三年、學習城邦（都市國家）的政治，可是日後他所打造的卻並非都市市民的國家，而是屬於世界市民的帝國。

EPISODE

文明繁榮的象徵

♪再會了 地球唷 出航在即 宇宙戰艦大和號♪

這是著名動畫主題曲的歌詞開頭。宇宙戰艦大和號離開地球，要航向何方呢？大和號的目的地，是擁有高度文明的**伊斯坎達爾行星**。而伊斯坎達爾此語，其實正是亞歷山大在印度語言裡面的名字。亞歷山大帝國素來便是文明與繁榮的象徵，只是沒想到《宇宙戰艦大和號》裡面竟然也暗藏玄機。

（JASRAC出2000978-001）

國蒸蒸日上、繁榮興盛。

但自從亞歷山大33歲便英年早逝以後，帝國很快就四分五裂，而亞歷山大帝國最終也被納入了羅馬帝國統治之下。

希臘文化與佛像、佛陀信仰

另外在亞歷山大帝國的極東之地，北印度地區在西元1世紀掀起了一股尊奉佛教開祖佛陀的運動，而當時萬千信徒的拳拳熱意，竟然促成了佛像的誕生。

其實所謂佛像，就是來自希臘傾向將神擬作人形的習慣，是希臘文化精神的彰顯，所以說佛像其實是希臘化文化和佛陀信仰揉合下的產物，也是東西文化融合的象徵。

亞克興戰役【西元前31年】

克麗奧佩脫拉「埃及豔后」的真實性？

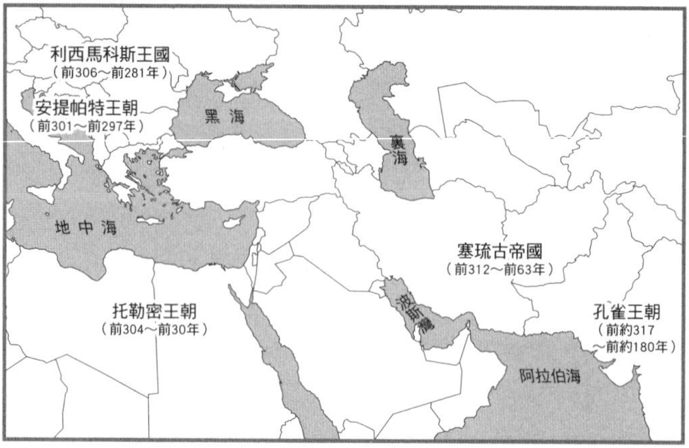
利西馬科斯王國
（前306～前281年）
安提帕特王朝
（前301～前297年）
黑海
裏海
地中海
塞琉古帝國
（前312～前63年）
托勒密王朝
（前304～前30年）
波斯灣
孔雀王朝
（前約317
～前約180年）
阿拉伯海

羅馬帝國的誕生與克麗奧佩脫拉的自殺

亞歷山大大帝死後，埃及的統治勢力叫作**托勒密王朝**，這個王朝出了個世界聞名的埃及豔后——克麗奧佩脫拉。

托勒密王朝首都設在尼羅河出海口的**亞歷山卓**，這裡是埃及面向地中海的玄關，也是海上航行與貿易之要衝，灣內有座全世界最大的燈塔（高134公尺）。

西元前1世紀後半葉，正是羅馬帝國國力日盛的時代。羅馬人積極向海外擴張，眼看著只要再拿下埃及便能建立起橫跨地中海的帝國了。

當時羅馬政界有兩大政治家正在針鋒相對，爭奪執政霸權。

一個是後來羅馬帝國的開國皇帝**屋大維**，意欲吞併埃及。另一廂屋大維的政敵，則是叫作**安東尼**。當時埃及女王**克麗奧佩脫拉**為保住埃及，於是趁著羅馬國內正在政爭，決定與安東尼結盟聯手。

於是才有了西元前31年的**亞克興戰役**，戰場位在希臘西岸海面。屋大維靠著投擲武器成功把安東尼的艦隊一一打成火船，而這正是使得羅馬帝國得以誕生的決定性一役。

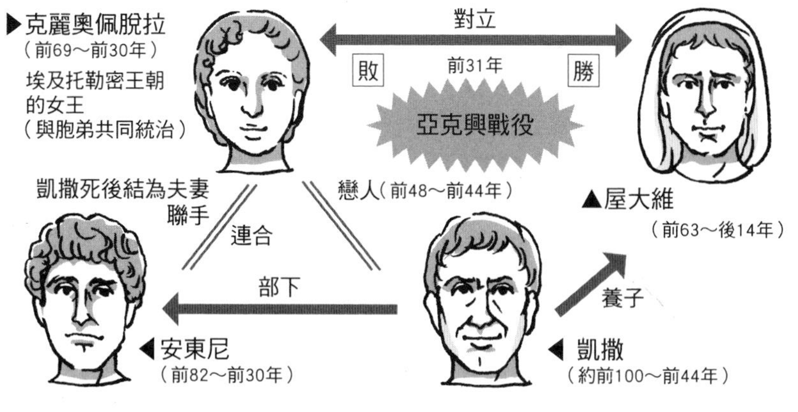
▶克麗奧佩脫拉
（前69～前30年）
埃及托勒密王朝的女王
（與胞弟共同統治）
對立
敗
前31年
勝
亞克興戰役
▲屋大維
（前63～後14年）
凱撒死後結為夫妻
聯手
連合
戀人（前48～前44年）
部下
養子
◀安東尼
（前82～前30年）
◀凱撒
（約前100～前44年）

PICK UP

博物館的英語寫作museum，究其語源，此語是來自於托勒密王朝設立於亞歷山卓的Mūseion（研究所之意）一詞。許多自然學科研究者會聚集於此講述地球球體理論、計算子午線圓周，甚至當時便已經有人主張太陽是宇宙中心的地動說了。

數學家歐幾里得也曾經在這裡研究幾何學，其成果《幾何原本》後來在17世紀透過耶穌會傳入中國，譯成漢語。

●學術都市亞歷山卓

亞歷山卓是設有Mūseion研究所的學術之都，同時也是個重要的國際商業都市，尤其高達134公尺的大燈塔更是象徵其繁華的代表性地標。

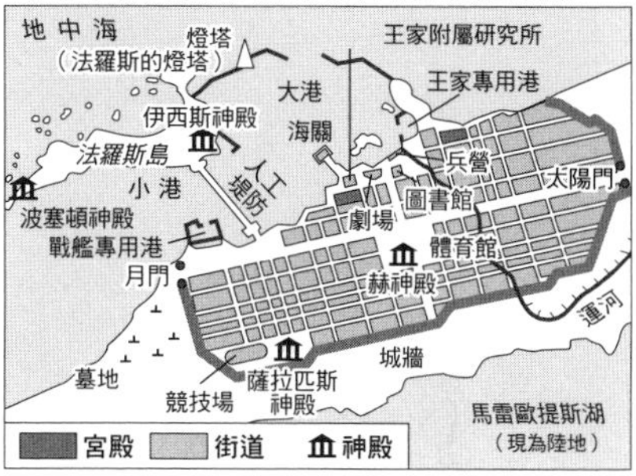
地中海
燈塔
（法羅斯的燈塔）
王家附屬研究所
王家專用港
大港
伊西斯神殿
海關
法羅斯島
人工堤防
兵營
太陽門
小港
圖書館
劇場
波塞頓神殿
戰艦專用港
體育館
月門
赫神殿
運河
城牆
墓地
薩拉匹斯神殿
競技場
馬雷歐提斯湖
（現為陸地）
宮殿
街道
神殿

克麗奧佩脫拉的美貌

克麗奧佩脫拉逃回埃及，失意之下自盡身亡。克麗奧佩脫拉生前尤以貌美而享有盛譽。

普魯塔克《希臘羅馬名人列傳》說她擁有「**無法抗拒的魅力**」，「氣質甜美，話音宛如弦樂重奏」（好想聽看看啊～），而且她還是個通曉七種語言的才女。也許克麗奧佩脫拉的美，其實指的是她的人格特質也未可知。

羅馬帝國的戰爭【西元前133～前30年】

為什麼說條條大路通羅馬？

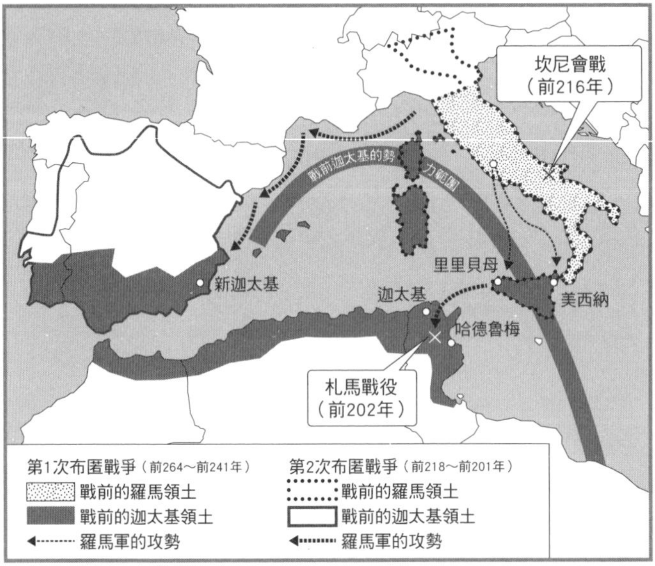
坎尼會戰
（前216年）
戰前迦太基的勢力範圍
里里貝母
美西納
新迦太基
迦太基
哈德魯梅
札馬戰役
（前202年）
第1次布匿戰爭（前264～前241年）
戰前的羅馬領土
戰前的迦太基領土
羅馬軍的攻勢
第2次布匿戰爭（前218～前201年）
戰前的羅馬領土
戰前的迦太基領土
羅馬軍的攻勢

羅馬建造的競技場，內部也有設置水管配線。

羅馬帝國誕生 用道路連接市民的生活

西元前30年羅馬擊敗埃及女王克麗奧佩脫拉、將埃及納入版圖以後，羅馬終於成了名符其實的地中海帝國。

西元前272年，羅馬完全掌握了義大利半島以後，隨後便爆發了**布匿戰爭**（前264～前146年）。當時西西里島是迦太基（現在的突尼西亞）統治下的領地，而羅馬意欲搶奪西西里島作為小麥生產地，雙方衝突不斷升級終於演變形成了布匿戰爭。羅馬軍雖然受制於迦太基名將漢尼拔、幾度陷入苦戰，最終還是獲得了勝利。

隨著埃及等東地中海地區陸續

EPISODE

漫畫《羅馬浴場》的主題羅馬浴場，是西元3世紀羅馬皇帝卡拉卡拉時代興建、可以容納1600人的設施。這裡可不單單只有浴場，還有運動排汗、蒸氣浴、冷水浴和熱水浴，渾然就是健康養生中心常見的一條龍全套服務。出浴以後還可以去沙龍談天，甚至去圖書室讀書，是市民休閒娛樂的場所。

●卡拉卡拉浴場

每到下午1點就會響起鏗鏗鏗的鐘聲，這是在通知大家浴場的熱水燒熱了。卡拉卡拉浴場是羅馬男女老幼的社交場所，面積有九個東京巨蛋（1萬3000平方米）大，室內地板全數是由大理石鋪成，38.5米的大穹頂更是令人看得瞠目結舌。

在這裡洗浴有一套推薦的流程。首先去體育室動動身體，年輕人可以在這裡摔角鬥力、盡情流汗，然後是溫度適中的溫浴室，再去有桑拿效果的熱浴室，最後則是用冷水浴洗去所有的酣熱之氣。此外還有必須另行收費的按摩服務。館內男性會在腰間圍塊布，女性則是全裸，而且是男女混浴。

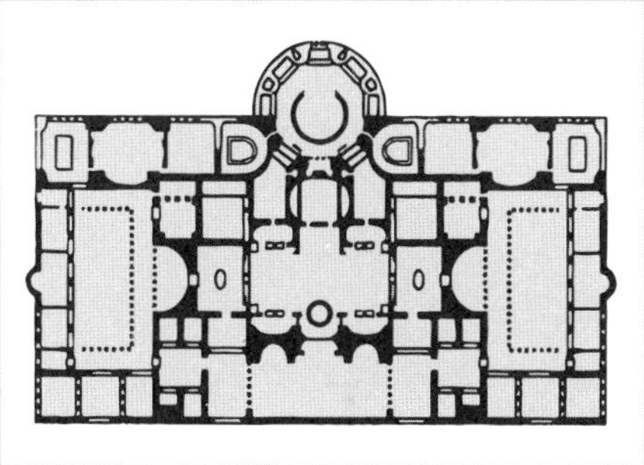

被納入版圖、設立行省（＝海外領土），**羅馬帝國於焉誕生**。

西元前50年代，又有舉世聞名的英雄**凱撒**向歐洲擴張勢力，並且建造了科隆、巴黎、維也納、倫敦等著名的都市。到了西元3世紀羅馬皇帝卡拉卡拉的時代，除奴隸以外所有居住在帝國領地內的人民都被賦予了羅馬市民權，實現了結婚、就業的社會平等。

將市民社會連接起來的，便是以石板鋪設的**道路**。羅馬帝國縱橫交錯的道路網在戰時就是軍事道路，平時則是市民生活的命脈，可以確保人們往來交通無礙。如此一來，市民就可以去**浴場**放鬆身心、去**競技場**為角鬥士吶喊歡呼，還有**水道管線**供水到家。所謂條條大路通羅馬，跟市民平等社會的成立其實是一體兩面的事情。

猶太人是如何擴散到世界各地

【第一次西元66～74年・第二次131～135年】

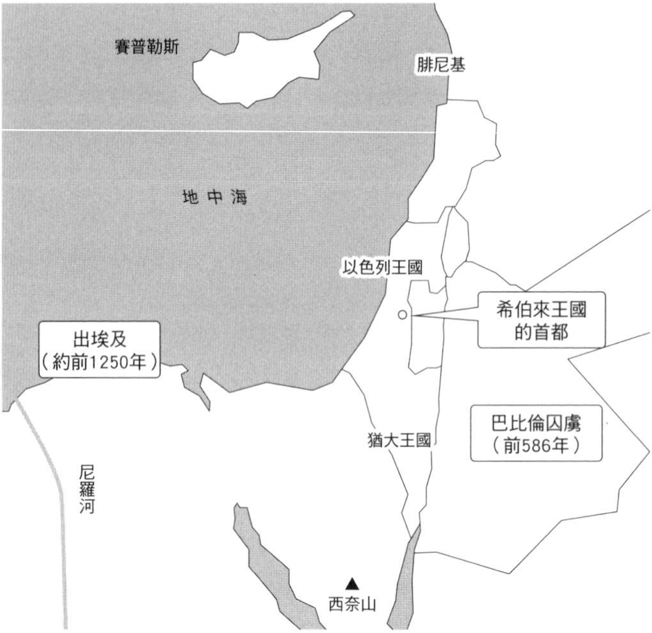
賽普勒斯
腓尼基
地中海
以色列王國
希伯來王國
的首都
出埃及
（約前1250年）
巴比倫囚虜
（前586年）
猶大王國
尼羅河
西奈山

猶太人首創金錢借貸事業，從此形成了金融業。

猶太人的散播金融業的發展

羅馬在3世紀的時候終於超越了民族隔閡發展成為「羅馬市民的帝國」，可是當時地中海東岸巴勒斯坦地區（現在的以色列）的猶太人卻是被迫過著悲慘而苦澀的生活。

西元前1000年前後，猶太人就已經在這裡建立了自己的國家。西元前4世紀雖曾一度被併入希臘化文化圈（受希臘人統治），卻始終維持著唯一神耶和華的信仰。西元66年羅馬皇帝尼祿在位期間，對猶太人壓迫尤甚。巴勒斯坦以海陸中繼貿易事業崛起繁榮，就連《聖

●猶太人的歷史

年代	事件	時期
約前 1250 年	「出埃及」摩西「十誡」	希伯來王國
前 10 世紀	希伯來王國鼎盛時期（第 3 代所羅門王盛世）	
約前 922 年	分裂為北方的以色列王國和南方的猶大王國	
前 722 年	以色列王國遭亞述王國攻滅	猶太教成立
前 586 年	猶太王國遭新巴比倫攻滅（巴比倫囚虜）	
前 538 年	返回以色列，重建神殿	
後 6 年	受羅馬直接統轄治理	羅馬帝國統治
66 ～ 74 年	第 1 次猶太戰爭	
131 ～ 135 年	第 2 次猶太戰爭（流散加劇）	

經》都說這裡是**「流奶與蜜」之地**，而巴勒斯坦總督竟然將此地財富全數捲走，引爆累積已久的不滿情緒釀成了猶太戰爭。

可是猶太人實在抵擋不住羅馬軍的壓倒性優勢，故而忍痛決定離開巴勒斯坦不再回來，此即所謂**流散**（Diaspora）。於是乎，猶太人開始向歐洲和俄羅斯等地遷徙。

一直以來，猶太人前方的道路都是晦暗不明、滯礙難行。遷徙到他處也往往無法取得土地所有權，當然也無法「把工作獲得的財富藏在家中存起來」，總是提心吊膽害怕遭小偷。於是他們便想到，可以從事**拿錢借人的生意**。這麼做不但放心，同時還能賺錢。金融業在猶太人手上發揚光大，也可以說是歷史造成的結果。

column

戰爭英雄凱撒所創世界曆法

每日生活之必需當中，曆法乃是其一。國際現行通用的1年＝12個月＝365日的曆法，歷史早已經超過2000多年了。

這個曆法可以説是從羅馬政爭升級演變成**羅馬內戰**（西元前49～前45年）之下的產物。之所以這麼説，那是因為傳揚散播曆法乃是內戰獲勝者在宣示自己的勝利與權威。當時頒布這套曆法的，正是著名的羅馬英雄儒略．凱撒。據説凱撒的名言「**骰子已經擲下**」，是他決定渡過義大利東北的盧比孔河、要正式進展開內戰當時的發言。

藉由**遠征高盧**（征服現在的法國、比利時與荷蘭）攢積足夠實力以後，凱撒又在西元前48年打倒與元老院議會勾結的政敵龐貝，確立了後來的凱撒獨裁政體。

接著他就在西元前46年制定了「**儒略曆**」。儒略曆以西元前45年1月1日為曆法開元，由羅馬帝國的最高神祇官兼獨裁官凱撒頒布實行。

有趣的是七月被命名為「Julius」，這是來自於凱撒的氏族名，而八月命名為「Augustus」，此名有神聖的「尊嚴者」之意。

儒略曆會每四年設置一個閏年以配合太陽的運行週期，實際上卻一直是略有差距，直到西元1582年才以羅馬教宗額我略十三世的名義加以調整，其目的是要計算基督復活的正確月份日期。簡而言之，儒略曆每400年有100個閏年，而調整版則是改成每400年有97個閏年。經過些微修正以後，儒略曆（改訂儒略曆）便從此流傳沿用至今。

至於**閏年以二月為閏月（2月29日），則是因為羅馬的新年是從三月開始**，所以才會用最後一個月來稍作調整。綜合前述，我們大可以説曆法乃是戰爭的產物。

第 2 章

中世歐洲與伊斯蘭世界的戰爭

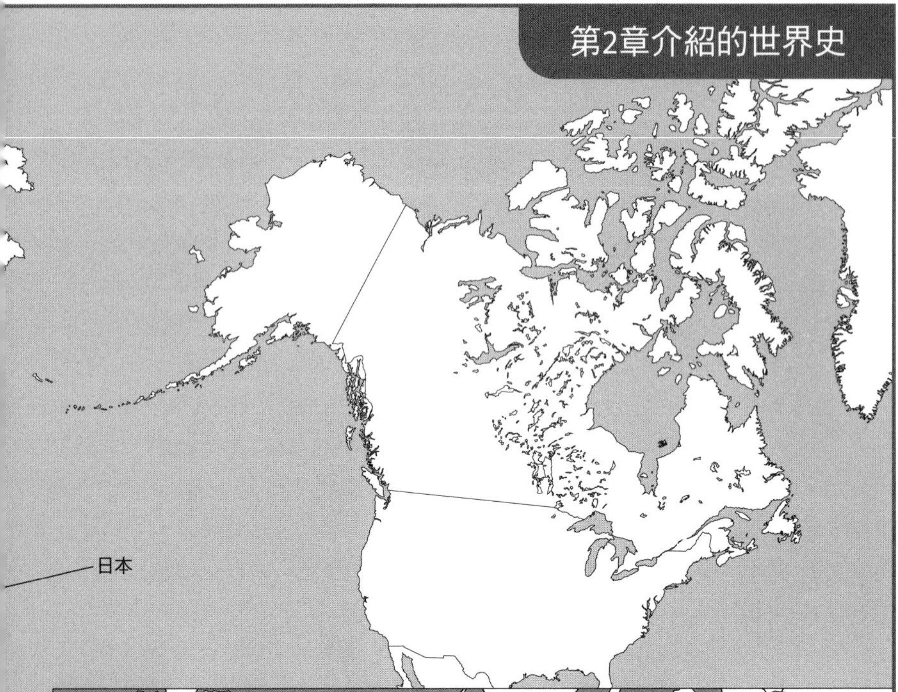
日本

黑斯廷斯之戰
1066年
英格蘭
威爾斯
侵略威爾斯
1276～1283年
諾曼第地區
法蘭克王國
圖爾戰役
732年
波爾多
百年戰爭
1339～1453年
義大利王國
諾曼人征服
義大利
1061～1130年
西西里王國

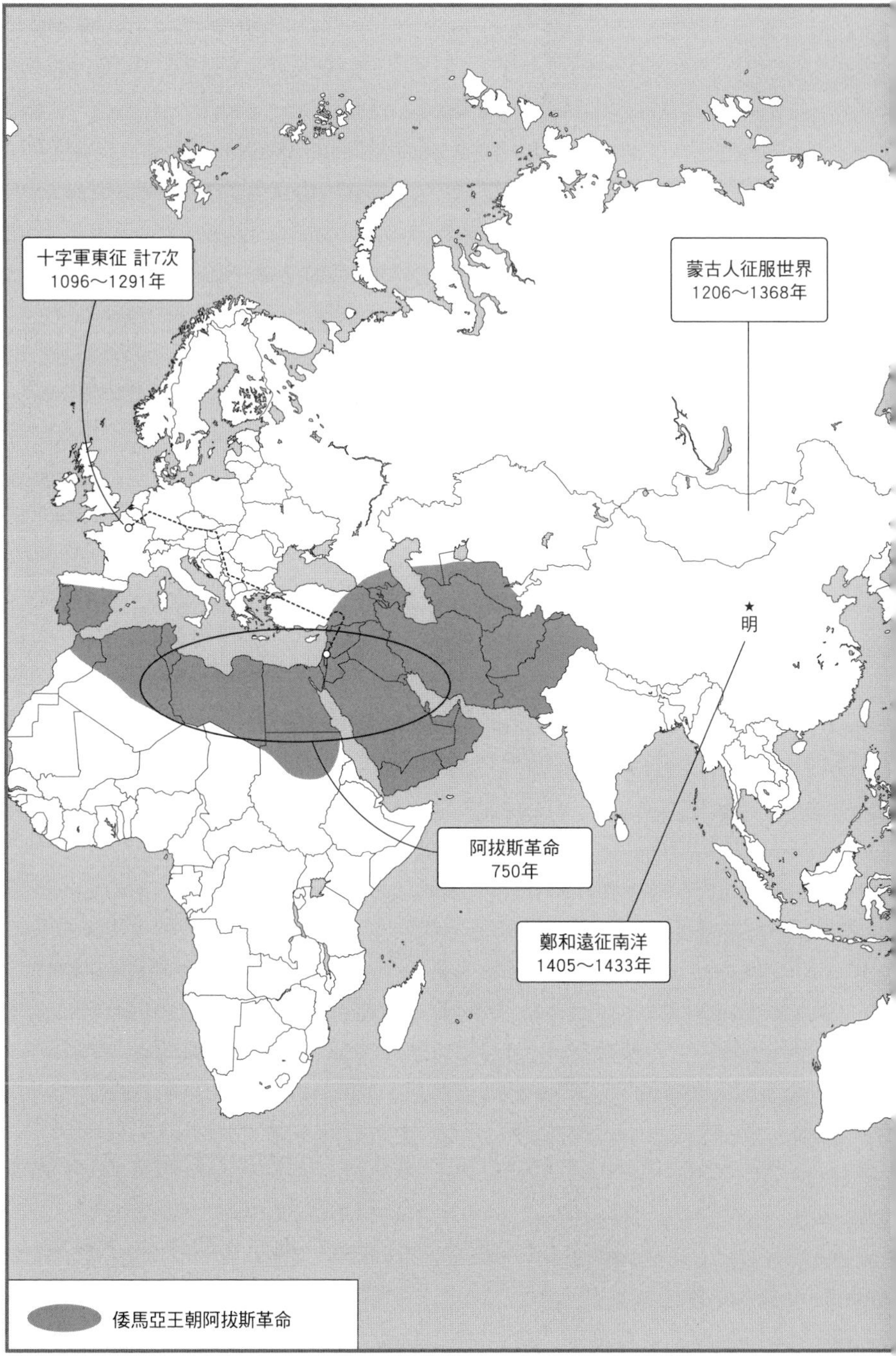
十字軍東征 計7次
1096～1291年
蒙古人征服世界
1206～1368年
明
阿拔斯革命
750年
鄭和遠征南洋
1405～1433年
倭馬亞王朝阿拔斯革命

圖爾戰役

【西元732年】

歐洲誕生自伊斯蘭的侵略

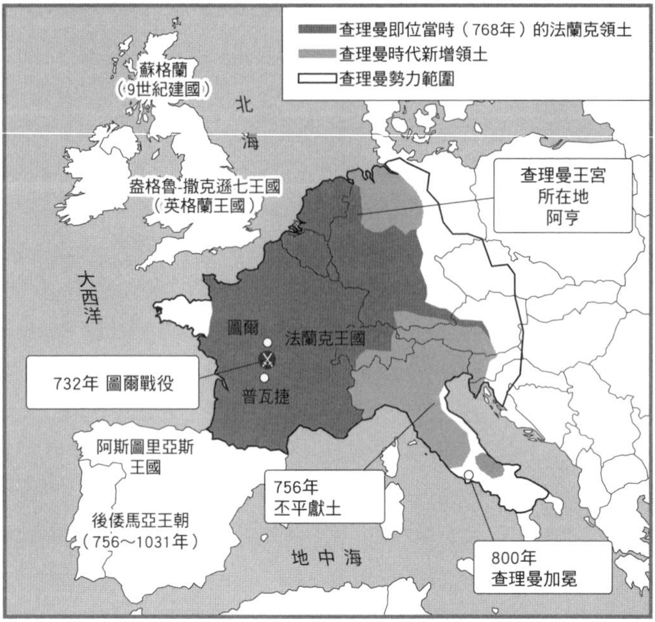

查理曼即位當時（768年）的法蘭克領土
查理曼時代新增領土
查理曼勢力範圍
蘇格蘭
（9世紀建國）
北
海
盎格魯-撒克遜七王國
（英格蘭王國）
查理曼王宮
所在地
阿亨
大
西
洋
圖爾
法蘭克王國
732年 圖爾戰役
普瓦捷
阿斯圖里亞斯
王國
756年
丕平獻土
後倭馬亞王朝
（756～1031年）
地 中 海
800年
查理曼加冕

加冕儀式上查理1世接受羅馬教宗加冕，這是因為法蘭克國王兼任羅馬皇帝的緣故。

基督教的擴張與戰爭之關聯性

滲透地中海和西歐以後，基督教的勢力範圍恰恰就跟羅馬帝國的版圖重疊一致，這是因為羅馬帝國已經在392年承認基督教為帝國唯一的宗教。

可是時至481年，西歐有個**由日耳曼人建立的法蘭克王國**誕生。想要在這個基督教鐵打不動的地區站穩腳跟，法蘭克國王自知一定要跟當地的宗教文化相處融洽，否則就難有穩固的統治基礎。

732年伊斯蘭勢力入侵西歐，是考驗法蘭克王國是否夠格成為歐

查理1世（查理曼）

（742～814年）

以今觀之，查理曼絕對稱得上是「歐洲的創建者」，因為法國、義大利、西德、荷蘭、比利時和盧森堡都是來自於查理曼建立的法蘭克王國。這些國家是EC（歐洲共同體，1967年）的原始加盟國，後來發展成歐盟（EU，歐洲聯盟），這也是為何歐盟會被稱作是「法蘭克王國的復活」。

細數查理曼的戰功，先是有壓制德國西北地區的撒克遜人、打敗義大利的倫巴底王國、擊退來自亞洲的阿瓦爾人，後來他還遠征位於現在西班牙的後倭馬亞王朝。另一方面，他卻也跟被譽為伊斯蘭帝國的阿拔斯王朝君主哈倫·拉希德交換使節。查理曼雖不識字卻熱心培植文化，曾經招徠英國神學家阿爾琴，致力於拉丁語普及化、保護基督教（卡洛林文藝復興）。

查理曼身形有點肉肉的，是個身高195cm的巨漢，擅長騎馬、狩獵和游泳，其中又以游泳特別拿手，他甚至在阿亨（今德國境內）王宮蓋了座溫水游泳池，據說家臣沒人游得過他。最愛的食物是烤肉。以現代用語來說，查理曼大概就是所謂的肉食系武鬥派男子吧。

洲霸主的首次試煉。此即**圖爾戰役**，雙方在法國境內的羅亞爾河南側發生衝突。法蘭克王國陣營在加洛林王朝的查理·馬特活躍之下擊退了伊斯蘭勢力，成功守住領土。除此以外，這場戰役同時也是東西兩大宗教的正面衝突，換句話說**基督教面對伊斯蘭勢力的侵略，成功保住了自羅馬帝國以來的勢力範圍**。

隨後西元800年，最強大的君主查理1世接受基督教會領袖羅馬教宗授予帝冠，亦即所謂**加冕**，這便是皇帝的即位典禮。經過這個儀式，法蘭克國王從此兼任羅馬皇帝，這不但昭示著歐洲的誕生，同時也揭開了教會以無上權威君臨歐洲的時代。

歐洲的誕生與一千二百年後的歐盟——

歐盟（歐洲聯盟）是1993年基於「歐洲只有一個！」思想而誕生的組織，其中更有以下的歷史脈絡存在：「歐洲發生的紛爭戰亂，大多是來自於德法兩國的對立。若然，只要德法兩國達成真正和解即可獲得解決」。

萊茵河流域的煤礦和鋼鐵便是基於前述概念而決定採取多國共同營運。1952年成立ECSC（European Coal and Steel Community，歐洲煤鋼共同體）後，一直以來屢屢被德法兩國捲入戰端的周邊各國——比利時、荷蘭、盧森堡和義大利也跟著加盟。這個六國聯盟便是**日後歐盟**的前身，而六國國土恰恰與一千二百年前歐洲誕生當時查理曼的**法蘭克王國領土**不謀而合。

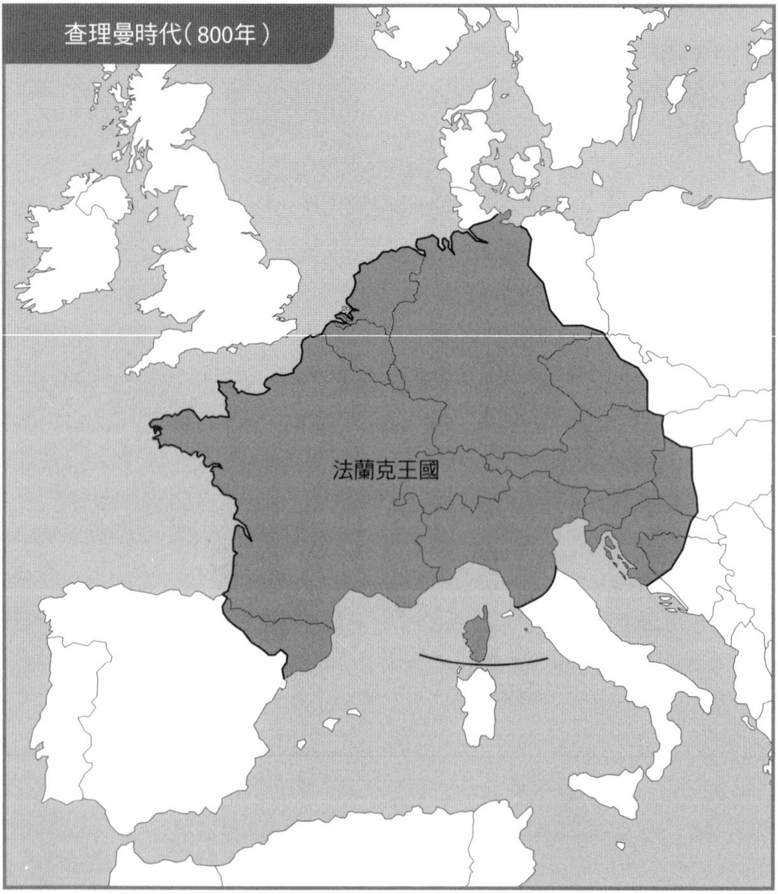

1925 年的 ECSC（塗黑的國家）與現在的歐盟（深灰色國家）

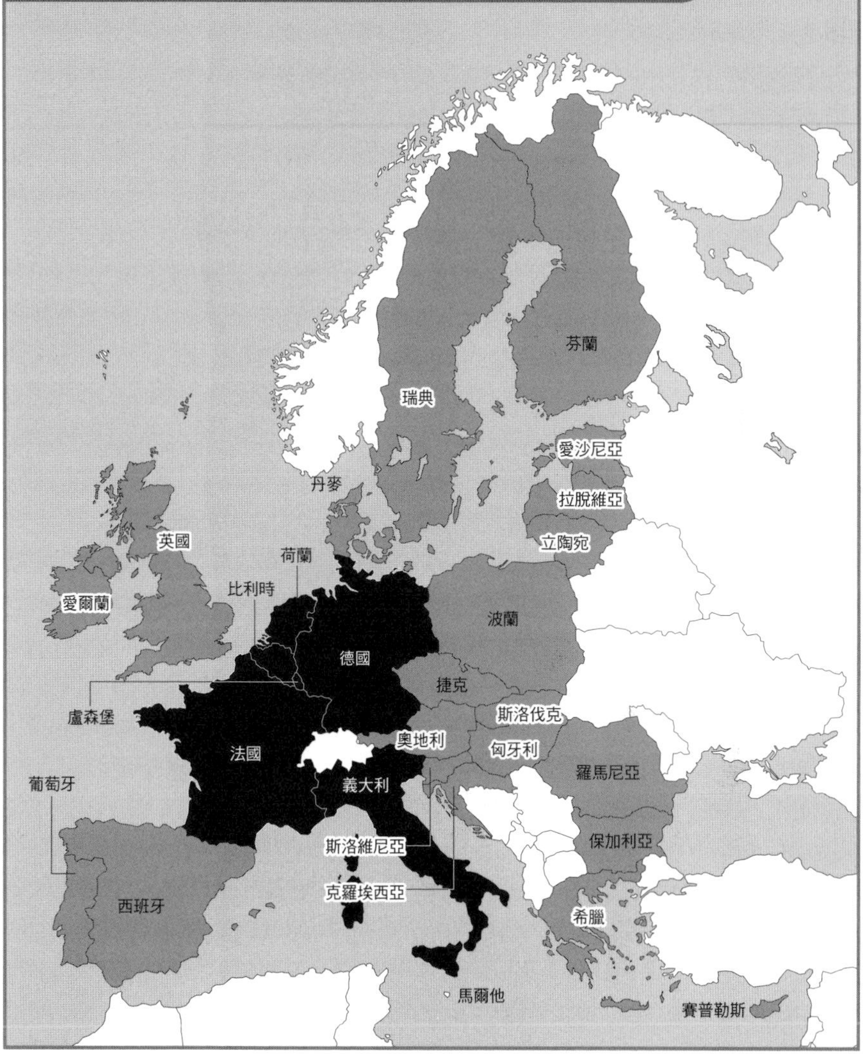
芬蘭
瑞典
愛沙尼亞
丹麥
拉脫維亞
英國
立陶宛
荷蘭
比利時
愛爾蘭
波蘭
德國
捷克
盧森堡
斯洛伐克
奧地利
法國
匈牙利
羅馬尼亞
葡萄牙
義大利
斯洛維尼亞
保加利亞
克羅埃西亞
西班牙
希臘
馬爾他
賽普勒斯

西元800年的法蘭克王國，形狀與1952年成立的ECSC（後來的歐盟）幾乎相同。ECSC的加盟國有法國、西德、荷蘭、比利時、盧森堡、義大利。
（2020/1/31 英國脫歐）

伊斯蘭帝國的誕生

阿拔斯革命
【札卜河戰役・西元750年】

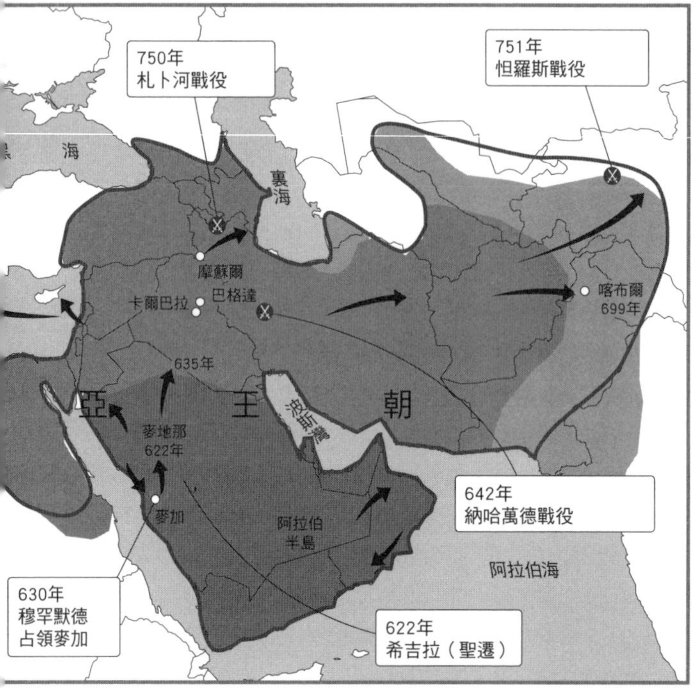
750年
札卜河戰役
751年
怛羅斯戰役
海
裏海
摩蘇爾
巴格達
卡爾巴拉
喀布爾
699年
635年
亞
王
朝
波斯灣
麥地那
622年
麥加
阿拉伯
半島
642年
納哈萬德戰役
阿拉伯海
630年
穆罕默德
占領麥加
622年
希吉拉（聖遷）

稅

非阿拉伯人背負著極為沉重的賦稅。

以眾人賦稅打造的伊斯蘭帝國

中世紀歐洲於8世紀誕生的同時，美索不達米亞地區也有個**伊斯蘭帝國**誕生，此即阿拔斯王朝（750～1258年）。伊斯蘭教的聖經《古蘭經》（《可蘭經》）**跟基督教同樣，都有明文記載信徒在神的面前是人人平等**。7世紀後半期倭馬亞家族掌握了伊斯蘭社會的領導權（哈里發），世稱倭馬亞王朝。

伊斯蘭教一面展開侵略拓展疆土，一面向被征服的異族收取賦稅，另一方面阿拉伯人卻是免稅，

EPISODE

《天方夜譚》的誕生

阿拔斯王朝跟基督教歐洲的法蘭克王國一直維持著相當友好的關係，據説王朝鼎盛時期的名君哈里發哈倫·拉希（在位786～809年）曾經贈送一千頭印度象給法蘭克王國的查理曼。除此以外，這位哈里發正是《一千零一夜》(《天方夜譚》) 裡的那位國王。世界聞名的「阿拉丁神燈」和「阿里巴巴與四十大盜」的故事就是《一千零一夜》的收錄作品。

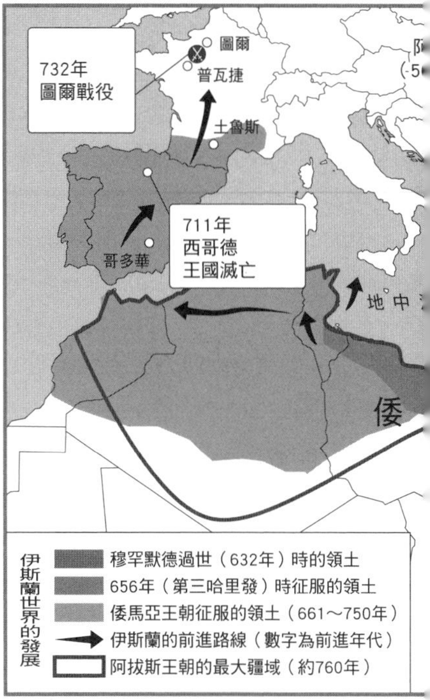
732年
圖爾戰役
圖爾
普瓦捷
土魯斯
711年
西哥德
王國滅亡
哥多華
地中
倭
伊斯蘭世界的發展
穆罕默德過世（632年）時的領土
656年（第三哈里發）時征服的領土
倭馬亞王朝征服的領土（661～750年）
伊斯蘭的前進路線（數字為前進年代）
阿拔斯王朝的最大疆域（約760年）

税
税

非阿拉伯人即便改信伊斯蘭教也仍然必須繳稅。

課稅不均造成的憤怒不滿很快就以現今的伊朗為中心爆發開來，這時候有一個人站出來整合各界反抗倭馬亞王朝的聲浪、宣言要重新領導伊斯蘭世界，此人就是**阿布·阿拔斯**。此舉激怒了倭馬亞王朝，於750年在底格里斯河支流札卜河跟阿拔斯的軍隊發生正面衝突，結果倭馬亞王朝敗滅，阿拔斯王朝從而誕生（阿拔斯革命）。阿拔斯王朝掌握東起印度河和中亞、西至地中海沿岸西班牙的遼闊國土，創造了一個**超越人種與語言差異、由伊斯蘭信仰連結起來的壯大社會**。阿拔斯王朝首都設在巴格達（位於今伊拉克），而賦税「地租（kharaj）」則是由全體分擔。一個超越民族與國境的伊斯蘭帝國，於焉誕生。

英國生於維京人戰火之下

黑斯廷斯之戰【西元1066年】

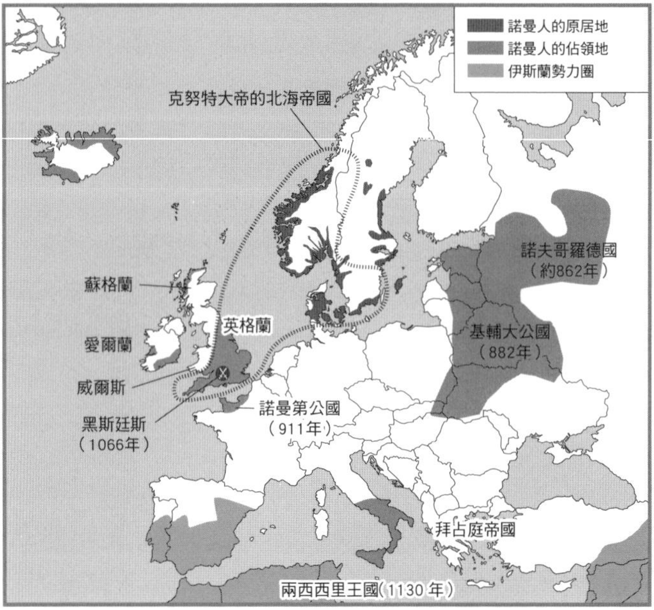

諾曼人的原居地
諾曼人的佔領地
伊斯蘭勢力圈
克努特大帝的北海帝國
諾夫哥羅德國
（約862年）
蘇格蘭
英格蘭
基輔大公國
（882年）
愛爾蘭
威爾斯
諾曼第公國
（911年）
黑斯廷斯
（1066年）
拜占庭帝國
兩西西里王國（1130 年）

諾曼人又稱維京人，從北歐遷徙來到英國。

來自北歐的維京人移民

與阿拔斯王朝關係一直相當友好的歐洲法蘭克王國，進入10世紀以後也已經衰亡。這個時候又發生了諾曼人的大遷徙以及建國，他們從北歐的丹麥、挪威、瑞典，朝東方與西方移動擴散。

諾曼人亦稱維京人。進入俄羅斯的是諾曼人當中的羅斯族（Rus），所以這個地方後來才被叫作是俄羅斯（Russia）。

PICK UP

豬的英語可以寫作「pig」或「pork」，此二者有何不同呢？

今時今日，我們會說動物園裡面的豬就是所謂的「pig」，而經過加工的食用肉就是「pork」，不過事實上英語最初並沒有這樣的區分用法。

隨著1066年的黑斯廷斯之戰，法語也跟著諾曼人進入了英國。「pork」此字源自法語的「porc」，不少法語便是如此在英國落地生根、直接成了英語，這也可以說是戰爭的諸多影響之一。

英國誕生於北歐移民帶來的戰火之下

法國北部有個地方叫作諾曼第，而911年諾曼人在此地建立的政體便叫作**諾曼第公國**。11世紀的時候，其子孫威廉1世做了一個重大的決定：他決意渡過眼前的多佛海峽前往英國。1066年，諾曼人在黑斯廷斯之戰當中大破當地的盎格魯-撒克遜人，開創了**諾曼第王朝**（1066～1154年）。

相信各位早已經料到，這場戰爭便是英國建國之源流。沒錯，英國就是由來自法國的諾曼第公爵創建的國家。**威廉1世**即位成為英國首任國王以後並未處罰原本境內的領主，而是把他們納為臣下（封建諸侯），採取寬容並處的做法。

黑斯廷斯之戰對後來的歐洲史影響極為深遠，因為諾曼第王朝一直主張位在法國的**諾曼第公爵領地是屬於英國的土地**。究竟這塊土地屬於英國還是法國？領土所有權歸屬爭議使英法關係惡化，後來14世紀兩國為爭奪領土及經濟利益而爆發了**百年戰爭**。

野心勃勃要打倒羅馬帝國的諾曼人

諾曼人征服義大利【西元1061～1130年】

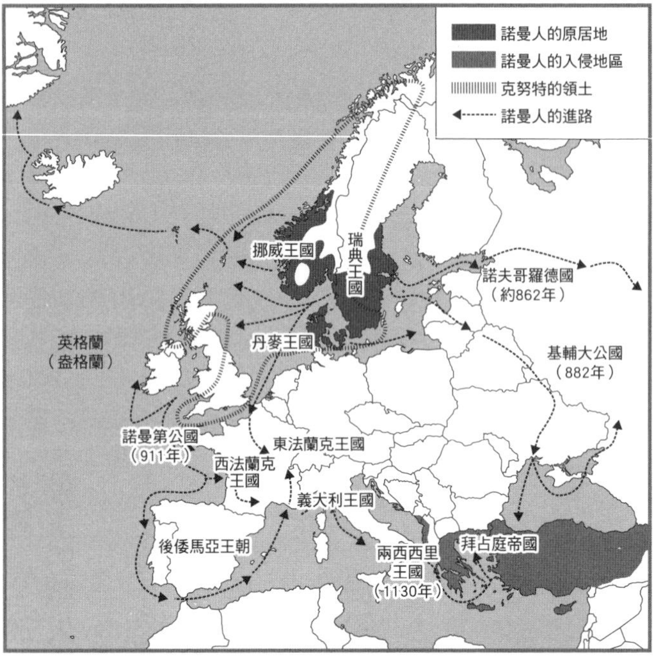

諾曼人的原居地
諾曼人的入侵地區
克努特的領土
諾曼人的進路
挪威王國
瑞典王國
諾夫哥羅德國（約862年）
丹麥王國
英格蘭（盎格蘭）
基輔大公國（882年）
諾曼第公國（911年）
東法蘭克王國
西法蘭克王國
義大利王國
後倭馬亞王朝
兩西西里王國（1130年）
拜占庭帝國

西西里島從前是海洋貿易的重要中繼點。

諾曼第在南義爭奪戰當中大顯身手

11世紀以後，許多諾曼人紛紛離開當時位於法國北部的諾曼第公國前往海外。渡海前往英國建立諾曼王朝的固然是其中一撥，也有許多人淪落成為山賊或海盜。

其中有一批諾曼人去了南義大利。南義恰恰位於地中海中央，義大利半島末端有座西西里島，自古便是船隻航行、海洋貿易的重要中繼點，景況繁榮。也正因為如此，這裡成了**羅馬教會**、**伊斯蘭勢力和東羅馬帝國的必爭之地**，而諾曼人便是以傭兵的身分參與了這場爭奪戰。

此時有一名叫作**羅伯特・吉斯卡爾**的諾曼人嶄露頭角。他宣誓效忠羅馬教宗，隨即便獲得西西里島與半島南部各地作為封地，可是這些地方當時仍歸伊斯蘭勢力和東羅馬帝國統治。換句話說，教宗的意思是說「自己的領地自己搶！」

EPISODE

源自伊斯蘭世界的圖案

提到冬天，就不能不提到毛衣。毛衣本是漁夫的禦寒衣物，是手工藝技術的極致發揮，編製手法可謂是五花八門極為多樣。而編打毛衣的手藝技術其實是來自於幾何學圖案極為發達的伊斯蘭世界，11世紀末才透過諾曼人從西西里島傳到了英吉利海峽上的澤西島。

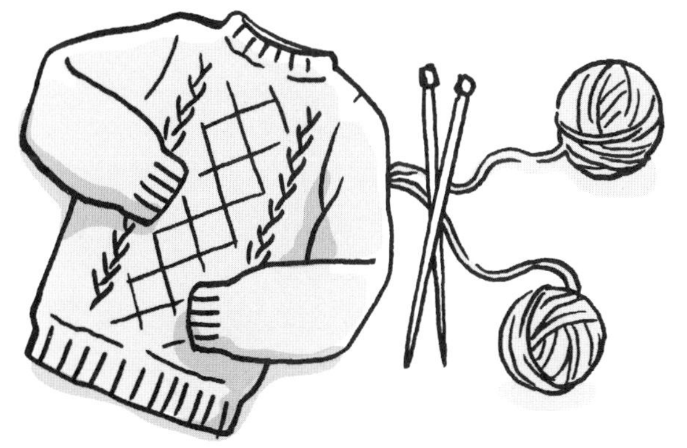

毛衣常見的圖案其實來自於伊斯蘭世界。

奪取領地之野心未竟而中道亡故

羅伯特先是擊退伊斯蘭勢力，將西西里島收入手中。然後又在1061年壓制義大利半島南部，正欲進軍巴爾幹半島（現在的阿爾巴尼亞）、準備一口氣打倒東羅馬帝國，豈料羅伯特竟然**死於熱病，野心化成了泡影**。

羅伯特將西西里島交給胞弟魯傑羅1世統治，宣布建立西西里伯國。後來魯傑羅1世之子魯傑羅2世以西西里島為據點平定南義大利，才在1130年建立了**西西里王國**（兩西西里王國）。這場地中海中心地帶的爭奪戰，最終竟是由半路殺出的伏兵諾曼人獲得了勝利。

歐十字軍攻打的竟是基督教國家!?

如果以為十字軍東征是「基督教VS伊斯蘭教」兩個宗教之間的戰爭，勢必會遭遇到一些不解之處。

義大利的商業國家威尼斯組織第四次十字軍東征（1202〜1204年）行動，**攻打的竟然是拜占庭帝國的首都君士坦丁堡**。拜占庭帝國以基督教為國教，所以不能說是宗教問題。十字軍占領君士坦丁堡以後，就在當地建立了名為「拉丁帝國」（1204〜1261年）的殖民地。

君士坦丁堡自古以來便是絲路的起點，從港口駛進黑海很快就可以來到多瑙河河口、直抵歐洲。除此以外，這裡也可以連接通往俄羅斯的聶伯河貿易航線。

也就是說，這其實是威尼斯為主

【雅典學院】
拉斐爾的代表作之一。描繪古希臘羅馬的賢者在雅典學院齊聚一堂。畫面中央的兩位是柏拉圖和亞里斯多德。一說柏拉圖指天，代表他主張現實世界應是理想世界的複製模仿。相對地，亞里斯多德掌心朝地，代表他主張事物之本質來自於現實世界。這是幅5m x 7.7m的大規模繪畫，現收藏在梵蒂岡宮殿的署名室。
畫像提供：株式会社アフロ

導國際商業、括取經濟權益而促成的「**運財十字軍**」。

商業・都市・大學・基督教・旅行的發達成熟

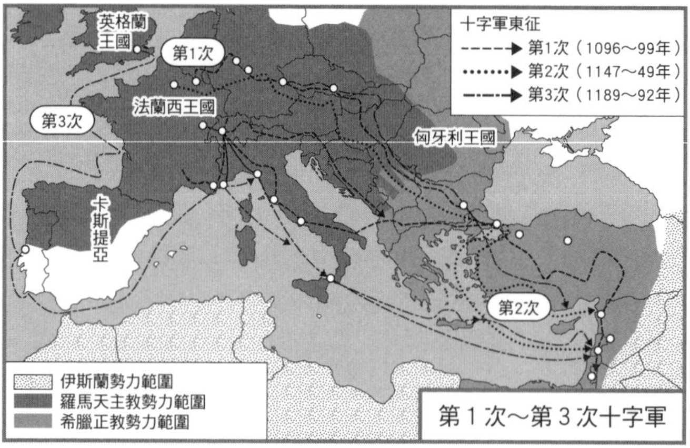
英格蘭王國
第1次
法蘭西王國
第3次
匈牙利王國
卡斯提亞
第2次
十字軍東征
第1次（1096～99年）
第2次（1147～49年）
第3次（1189～92年）
伊斯蘭勢力範圍
羅馬天主教勢力範圍
希臘正教勢力範圍
第1次～第3次十字軍

前後共七次的十字軍東征

11世紀末諾曼人壓制南義大利以後，羅馬教宗收到了東羅馬皇帝請求派遣援軍的求援訊息。原來東羅馬帝國在被諾曼人揍得鼻青臉腫的同時，另一頭也遭到了來自東面的伊斯蘭教徒侵略。於是乎，羅馬教宗決定答應出兵援救、打算趁此機會奪回聖地耶路撒冷，將地中海周邊的基督教世界全數收回手中。

前後共計七次的**十字軍東征Crusades（1096～1291年）**便是因此而起，從此進入了基督教和伊斯蘭教全面衝突時代。

起初十字軍成功奪取了耶路撒冷，直到12世紀伊斯蘭世界出了一名英雄**薩拉丁**，十字軍自此轉趨劣勢、東征亦以失敗告終。

十字軍東征與現在的大學

這段期間在農業生產力提升等背景之下，歐洲的商業都市大為發達，而**第四次十字軍東征**（1202～1204年）便是絕佳的代表案例。此次十字軍是由北義大利的威尼斯領銜，成功占領位於東西貿易要衝的東羅馬帝國首都君士坦丁堡，並且統治當地長達半個世紀之

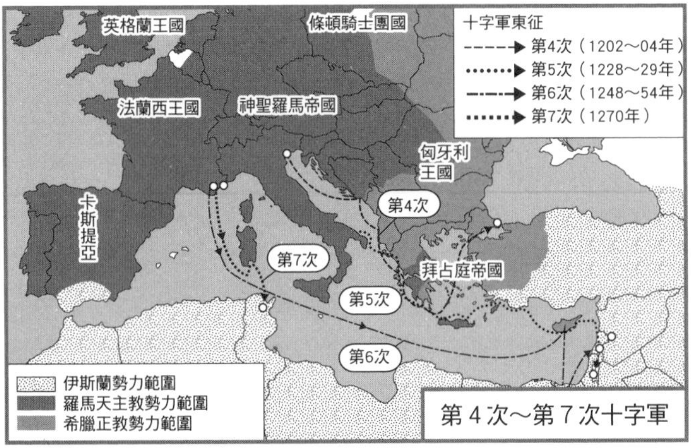
英格蘭王國
條頓騎士團國
十字軍東征
第4次（1202～04年）
第5次（1228～29年）
第6次（1248～54年）
第7次（1270年）
法蘭西王國
神聖羅馬帝國
匈牙利王國
卡斯提亞
第4次
第7次
拜占庭帝國
第5次
第6次
伊斯蘭勢力範圍
羅馬天主教勢力範圍
希臘正教勢力範圍
第4次～第7次十字軍

● 因為十字軍東征而獲得發展

翻譯
絲綢
大學
胡椒

久。

與此同時，對伊斯蘭貿易也很發達；除取得絲綢、胡椒等物資以外，歐洲還透過伊斯蘭商人獲得了許多文獻以及翻譯，使得神學、法學、醫學獲得長足發展，進而促成後來**Universitas（大學）**的設立。

再者，這個時代的庶民也開始以巡禮之名義享受旅行，其中尤以羅馬、西班牙的聖地亞哥-德孔波斯特拉等都市最受歡迎。可以說**歐洲社會因為十字軍東征而變得面目一新**。

為何成吉思汗企圖征服世界？

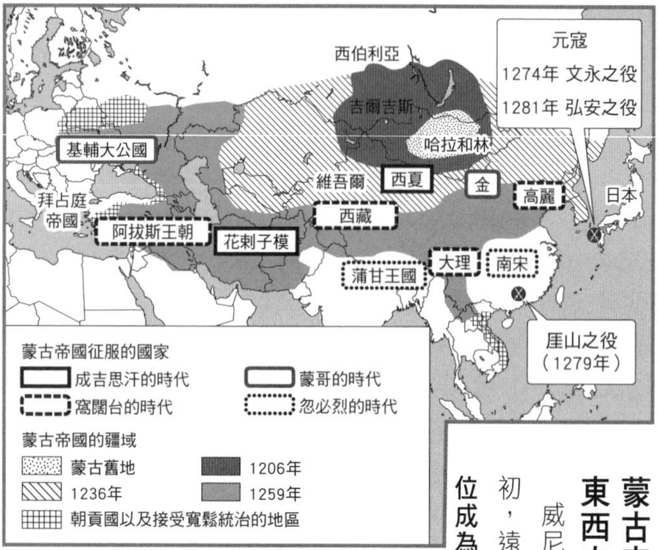
西伯利亞
元寇
1274年 文永之役
1281年 弘安之役
吉爾吉斯
哈拉和林
基輔大公國
維吾爾
西夏
金
高麗
日本
拜占庭帝國
西藏
阿拔斯王朝
花剌子模
大理
南宋
蒲甘王國
厓山之役（1279年）
蒙古帝國征服的國家
成吉思汗的時代
蒙哥的時代
窩闊台的時代
忽必烈的時代
蒙古帝國的疆域
蒙古舊地
1206年
1236年
1259年
朝貢國以及接受寬鬆統治的地區

蒙古帝國成立 東西文化交流活潑

威尼斯主導十字軍東征的13世紀初，遠方蒙古高原卻是**成吉思汗即位成為皇帝**，蒙古帝國的建立與擴張從此揭開序幕。

蒙古人有意壓制東方西方兩個世界、建立**以商業為載體的世界帝國**，其遠征便是為此。他們先是擊敗了中亞伊朗一帶的花剌子模國，然後先後壓制了黃河上游的西夏以及占據中國北半壁與滿洲的女真金朝，使得絲綢之路完全落入了蒙古人的掌控。

再接著就是揮兵歐洲。1241年蒙古軍在列格尼卡戰役當中大破德國與波蘭聯軍，並在俄羅斯建立了欽察汗國。羅馬教宗倍感威脅，遂派遣使節前去跟蒙古人展開對話。

第五代蒙古大汗忽必烈將首都遷到大都（現在的北京）建立元朝（1217年）。為掌握海上貿易，蒙古人又企圖對日本、東南亞發動遠征，雖說最後事不遂願，但如果商業貿易能為雙方都帶來繁榮，那麼亞洲諸國應該會選擇加入蒙古的保護傘之下，君不見就連日本也以九州的博多為窗口與**元朝進行貿易**

EPISODE

肉排跟帝國的勢力同在？

不知道各位有沒有看過蒙古的肉排料理？這是種將馬肉切碎、添加香料製成的生肉料理，名叫韃靼肉排。此料理後來傳到德國的海港城市漢堡，當地以牛肉取代馬肉、拿牛絞肉煎製肉排食用，而這便是世界聞名的漢堡肉的由來。

另一頭韃靼肉排傳到朝鮮半島以後，就變成了肉膾這道菜。沒想到區區肉排，竟然也能從中隱隱看見蒙古帝國勢力範圍的輪廓。

●蒙古的強悍之處

軍隊	清一色輕裝騎兵。單日移動距離多達70km（敵人的步兵軍隊每日僅能移動20～30km）。
馬匹	蒙古馬體格嬌小瘦弱但極有耐力。馬皮可以做盔甲或渡河的浮袋，馬肉止飢、馬血止渴、馬骨還能做箭鏃。
武器	使用強力蒙古弓、極力避免短兵交戰藉以減少兵員損失。
規範	軍法極嚴，違反者往往要被處以死刑等嚴刑。
制度	採用千戶制，成吉思汗建國時將全國牧民分成95個集團，約莫千人一隊，交由功臣統率。
合作	接受穆斯林商人提供資金、物資以及情報。
主義	奉行實力主義，非我族類亦可憑功績晉升。

嗎？

另外蒙古人征服世界，也促成了東西文化的交流。西方世界的伊斯蘭天文學傳來，從此東方才有了正確的曆法「**授時曆**」。

東方世界則是有講究寫實的中國繪畫傳到伊朗和印度，對伊斯蘭繪畫發展造成莫大影響。由此可見，征服戰爭和文化實為一體。

侵略威爾斯

【西元1276～1283年】

為何「威爾斯親王」會是英國國王？

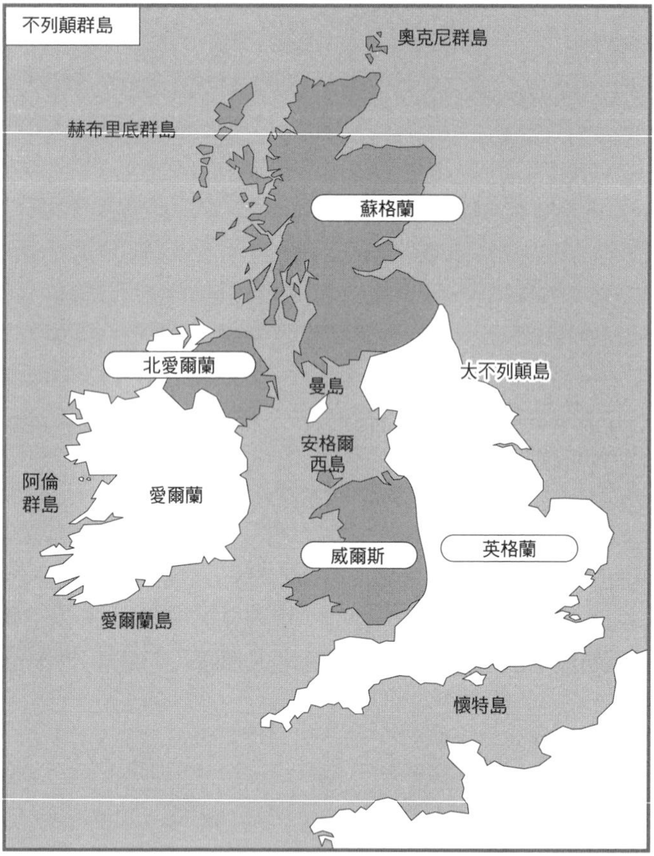
不列顛群島
奧克尼群島
赫布里底群島
蘇格蘭
北愛爾蘭
大不列顛島
曼島
安格爾西島
阿倫群島
愛爾蘭
威爾斯
英格蘭
愛爾蘭島
懷特島

英國直到今日仍然是由威爾斯公國領導人擔任國王

1264年西蒙・德孟福爾率先發難，接著貴族紛起批判國王專橫暴虐、掀起叛變，英國才有後來1295年**身分制議會的成立**。從此議會成為王權的牽制力量，而這便是現代英國議會的起源。在這樣的政局底下，時任國王的愛德華1世為了要成為「強勢的君主」，於是決定要向**威爾斯公國**（1258～1283年）發動侵略進攻。不過威爾斯當地自稱「威爾斯親王」的領導者格魯菲德也不輕易認輸，經過一番激烈抵抗，英國最終才在

EPISODE

為何橄欖球沒有「英國隊」？

講到激烈的球類運動，當然不能不提橄欖球。2019年世界盃橄欖球賽當中，世界各國代表隊再次展現了強烈的求勝心以及No Side（註）的精神。奇怪的是裡面竟然沒有「英國隊」，這到底是怎麼一回事？

這跟英國的歷史有很深的關係。現代的英國誕生於距今二百多年以前。想必很多人會懷疑：「呃…怎麼英國的歷史應該更久不是嗎？」現在我們所說的英國，指的其實是始於1801年的「大不列顛暨愛爾蘭聯合王國」（UK, United Kingdom）。

照理說英國本指「英格蘭王國」（England），該國人民和語言就是所謂的「English」。英格蘭始於11世紀中葉來自法國諾曼第的諾曼王朝（1066～1154年），13世紀末英格蘭先是征服西邊的「威爾斯公國」（Wales），18世紀初又吞併了北方的「蘇格蘭王國」（Scotland）。甚至在前述期間內，17世紀末又將「愛爾蘭王國」（Ireland）納為殖民地。這些地區全部加起來，就形成今日所謂的UK，也就是「同君聯合＝現在的英國」。所謂同君聯合，就是指由同一位君主（英格蘭國王）擔任四國國王的制度。因為這段歷史，這四個國家擁有可以各派一支代表隊的「特權」。再說橄欖球本就是起源於英格蘭橄欖球名校的一種運動。這麼說或許有點誇大，不過橄欖球起於英國，而橄欖球其實也就是英國的歷史。

註：No Side：是橄欖球的術語，意思指比賽結束了，於是兩隊不再分敵我，互相欣賞與尊重，亦是一種高尚的運動家精神。

1283年成功壓制了威爾斯。

即便已經戰勝，愛德華1世還是放不下心來。「該怎麼做才能長久穩定地統治威爾斯呢？」這時愛德華下了一手絕妙好棋，那就是把妻子召到威爾斯、讓她在這裡生下自己的繼承人。換句話說，就是讓**「威爾斯第一人」**將來成為英國的新任國王。其實「prince」這個字在當時還並不是「皇太子」的意思，語意比較接近**「最強領導者」**，源自拉丁語的**「第一人」（prīnceps）**一詞。愛德華1世之後的愛德華2世便是以「威爾斯第一人」的身分繼位為王。自此以來，這個駕御民風彪悍威爾斯的統治策略也就代代相傳，直到今日的英國國王繼位儀式亦復如是。

鄭和遠征南洋【西元1405～1433年】

中華的「國際活動」遠及東非

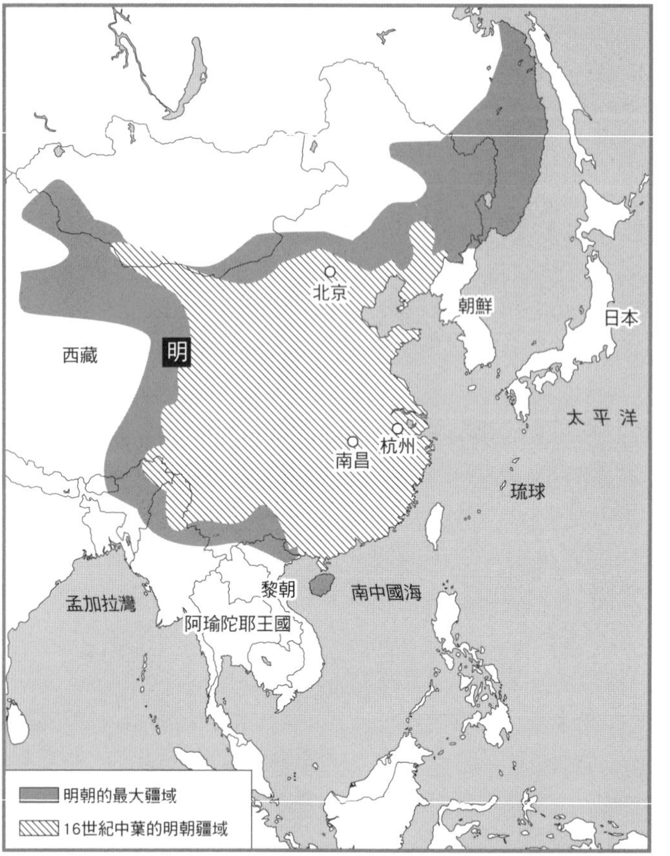

北京
朝鮮
日本
西藏
明
太平洋
杭州
南昌
琉球
黎朝
南中國海
孟加拉灣
阿瑜陀耶王國
明朝的最大疆域
16世紀中葉的明朝疆域

長頸鹿作禮物!?
不戰之戰

蒙元滅亡，明朝（1368～1644年）繼起。及至永樂帝（明成祖）時代，始有鄭和遠征南洋（1405～1433年‧共七次）。

雖然名曰遠征，其實卻是從南中國海巡航印度洋周邊、**呼籲諸外國向明朝納貢**，以建立「中華」世界。

船隊當中包含航海士、水手等參與遠征的相關人員，總數多達二萬七千人。鄭和本身是伊斯蘭教徒，而船隊的航行目的地正是臨海的伊斯蘭教國家，所以這個安排應該是希望相同的宗教信仰能夠有助於雙

EPISODE

當時的貿易活動是什麼樣子？

其實明朝既無貿易，亦無外交。所謂外交有個大前提，那就是雙方必須是對等的主權國家，可是明朝卻是以「華夷」觀點在看世界。所謂的華，就是漢民族（Chinese）及其文化。華是世界的中心，其他地方一律都是「夷」，也就是蠻荒未開化之地。所以對明朝來說，對外向來就只有**朝貢**關係而已。這些被看成是蠻荒未開化的周遭各國國王會派遣使節去覲見明朝皇帝，從實質來說這便是外交，各國國王都會準備「禮物」讓使節帶去。

另一方面，明朝皇帝在使節要返國時也會準備「回禮」讓他們帶回母國，這便形成了貿易。明朝是**絲綢**、**瓷器**、**茶葉**等物的重要產地，國際社會主要是著眼於貿易，所以才承認明朝是老大、跟明朝交往。

方對話。他們造訪過印度、波斯和阿拉伯半島，甚至最遠還到達非洲東岸。1407年鄭和抵達印度西南岸的卡利卡特，後來1498年歐洲人**瓦斯科・達伽馬**為尋找胡椒也曾來到此地，換句話說，早在達伽馬找到印度很久以前鄭和就已經來過了。當時鄭和派遣到非洲東岸馬林迪（位於今肯亞）的小隊獲得當地人贈送一頭長頸鹿，他們是在甲板上挖一個洞好讓長頸鹿脖子可以伸出來，好不容易才把長頸鹿給運回中國。

據說這次大遠征促成了超過二十個國家遣使來朝。跟明朝交往一來可以獲得政治上的後盾支援，二來還能分到茶葉、瓷器、絲綢等中國特有的物資。這些進貢國其實都相當頑強，而明朝就是希望利用外交手段、以「**不戰之戰**」將世界納入麾下。

大大改變歐洲世界的關鍵戰役

【西元1339～1453年】

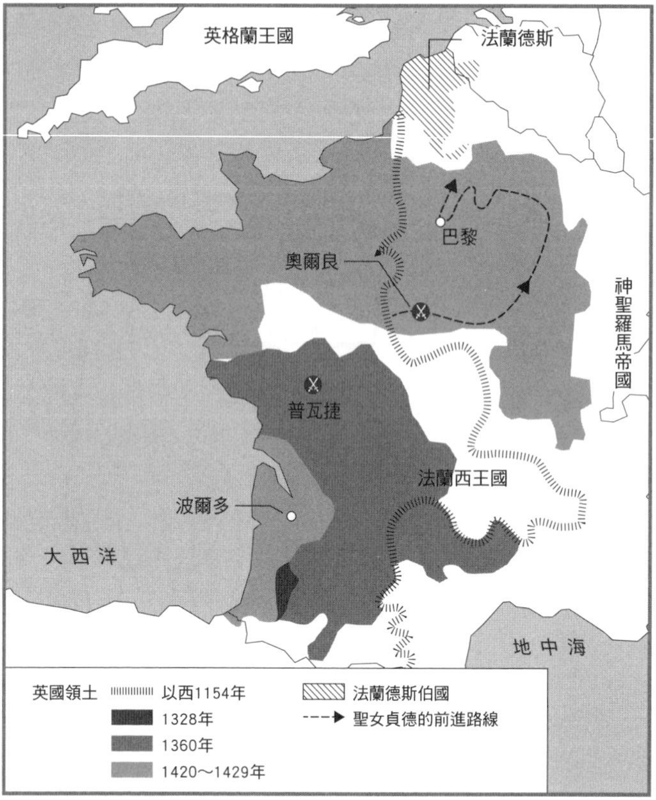
英格蘭王國
法蘭德斯
巴黎
奧爾良
神聖羅馬帝國
普瓦捷
法蘭西王國
波爾多
大西洋
地中海
英國領土
以西1154年
1328年
1360年
1420～1429年
法蘭德斯伯國
聖女貞德的前進路線

英國VS法國
得獲神諭挺身為國的少女

鄭和遠征南洋的同一時期，歐洲正值英法兩強鼓足力量正面對決的百年戰爭時代。話說回來，當時為什麼會有這樣的戰爭發生呢？

法國歷史始於987年建立的卡佩王朝，可是1328年卡佩王朝後繼無人，才有瓦盧瓦家族的腓力6世站出來宣布繼承王朝。此時英國國王愛德華3世卻主張說**自己的母親是從卡佩王朝嫁到英國來的，所以他才是繼承了卡佩王朝血統的正當後繼者**。倘若此事成真，勢必就會形成「英法同君聯合王國」從

聖女貞德

（1412～1431年）

百年戰爭最吸引人的話題，當然非聖女貞德莫屬。一名年僅18歲少女獲得國王查理7世托以軍權，拯救法國於傾頹敗亡之中。更有甚者，她參戰的動機竟然是因為聽見了神對她説「前進奧爾良吧！作戰吧！」……實在是太有故事了。

不幸的是貞德在戰亂中遭英軍俘虜以後，法國決定捨棄棋子不予搭救，使得貞德被強加女巫罪名遭處死刑，活脱脱就是個悲劇的英雄。1871年法國在普法戰爭中吃下慘敗時，百年戰爭英雄貞德竟然應著時勢被尊為法國國家英雄、國民主義的精神象徵。將貞德列聖的聲浪愈發高漲，終於1920年獲羅馬教會承認為「聖人」，在聖彼得大教堂舉行貞德的列聖儀式。經過數百年來的造化弄人、起伏跌宕，貞德果真是名命運乖舛的悲劇少女。

1412	生於法國洛林區的棟雷米村
1429	解放奧爾良
1431	於盧昂接受宗教審判，判為女巫處以火刑
1456	經過復權訴訟改判為無罪
1920	羅馬天主教會認列為聖女

而使得英國一躍成為西歐霸主。

於是1339年，英法兩國就為爭奪法國王位繼承權而展開了**百年戰爭**。其實兩國開戰的原因並不僅止於此，還有著名葡萄酒產地波爾多以及編織產業重鎮比利時的經濟利益牽涉其中；哪方能夠掌握這兩個地區，則經濟發展吃下大補丸自是不在話下，就連整體國家財政也會寬裕許多。

英國在戰事之初一直占有優勢，可後來黑死病（鼠疫）流行肆虐全歐洲，連帶使得軍隊士兵低落不振。就在這個時候，法國有名少女因為得獲神諭決定挺身為國而戰，這名少女正是**聖女貞德**。聖女貞德在**奧爾良之戰**（1429年）當中大破英軍，使得法國獲得了最終的勝利。

column

製紙技術傳揚世界竟是拜戰爭所賜

日本有種極其精巧的紙張「和紙」，這可是門非常講究的職人專業。紙是在7世紀從中國傳入日本，幾經改良才進化成為精度極高的和紙。從這個角度來看，和紙也是古代中日關係下的諸多產物之一。

①紙是何時發明的？

根據史書《後漢書》記載，紙是西元105年蔡倫的發明。不過1986年又發現了推測為西元前150年製作的紙片，所以現如今紙張普遍被視為是蔡倫的「發明」，或許是因為他製作的紙張擁有質地輕盈、容易摺疊等重要特徵使然。

②促使紙張傳到伊斯蘭世界的戰爭

有別於日本是透過文化交流，促使紙張傳往西方世界的卻是751年的**怛羅斯戰役**。這場戰爭發生在現在的吉爾吉斯（中亞），是統轄西班牙、地中海直到印度河流域的**阿拔斯王朝**跟東亞**唐朝**之間的全面對決，雙方為了中亞地區國界問題一直爭端不斷。

此戰最後由阿拔斯王朝獲得勝利，當時唐朝軍隊俘虜當中有懂得瀝紙的紙匠，於是就在撒馬爾罕建立了造紙工廠，以麻為製紙原料。

③促使紙張傳到歐洲世界的戰爭

將紙張傳到歐洲的，是與11世紀末多次**十字軍東征**相同時期，發生在伊比利半島的**「國土再征服戰爭」**。翻譯成拉丁文的各種書籍經由伊斯蘭世界流入歐洲，15世紀又有古騰堡發明活版印刷、掀起歐洲媒體革命，終於歐洲達到紙張生產自給自足，此即西洋紙張之嚆矢。

Q&A

紙張普及以前，中國是用木頭或竹子切成細片製成「木簡」和「竹簡」用於記錄。為什麼現在我們計算書本時，漢字會用「冊」和「卷」兩字作為計算單位呢？

【答】將書簡木簡以繩索串起曰「冊」，將長長的冊捲起來收藏保存所以叫「卷」。

第 3 章

主權國家的成立與歐洲的戰爭

第3章介紹的世界史

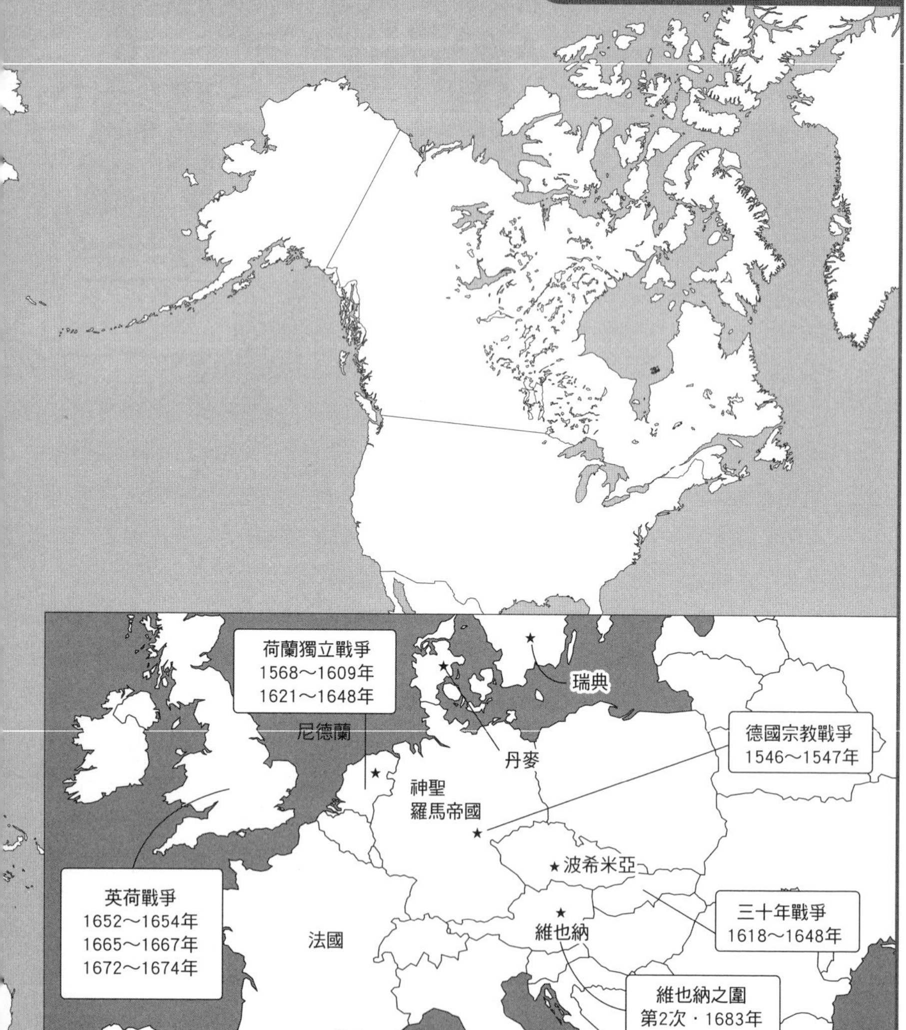

荷蘭獨立戰爭
1568～1609年
1621～1648年
瑞典
尼德蘭
丹麥
德國宗教戰爭
1546～1547年
神聖
羅馬帝國
波希米亞
英荷戰爭
1652～1654年
1665～1667年
1672～1674年
三十年戰爭
1618～1648年
法國
維也納
維也納之圍
第2次・1683年
西班牙王國
義大利戰爭
1494～1559年
西班牙王位
繼承戰爭
1701～1714年

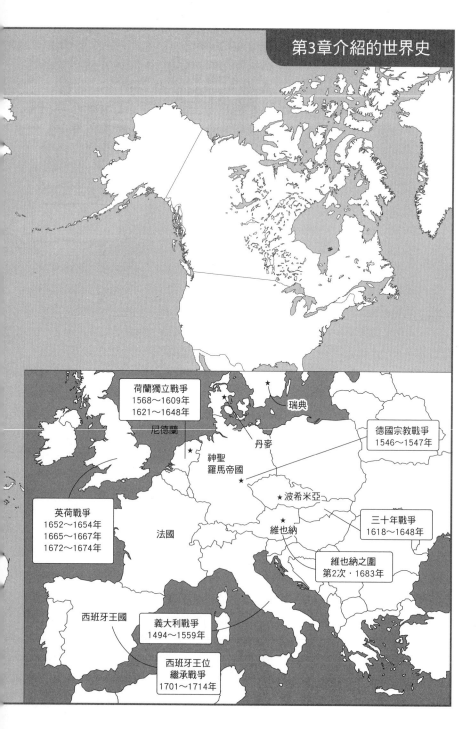

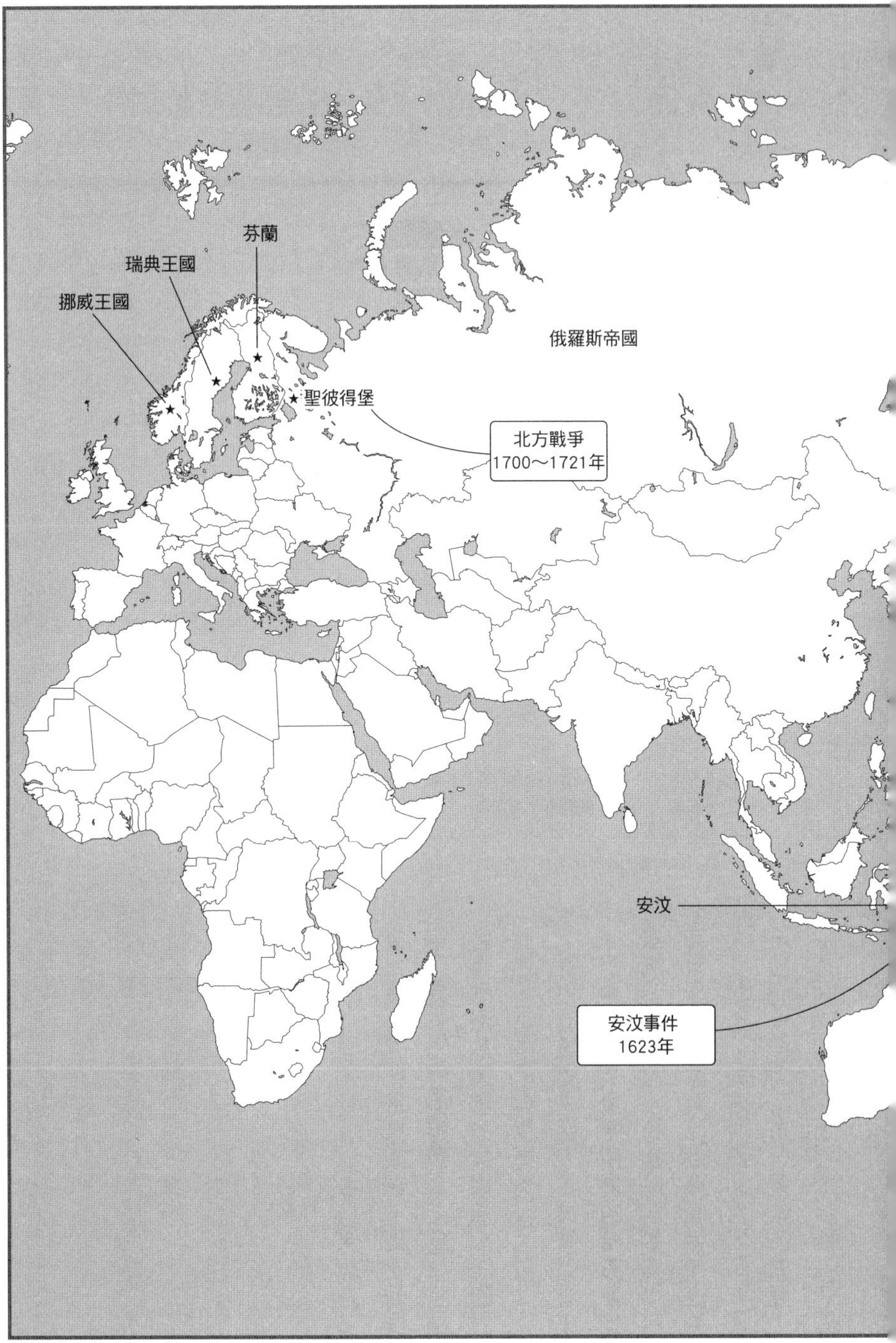
芬蘭
瑞典王國
挪威王國
俄羅斯帝國
聖彼得堡
北方戰爭
1700～1721年
安汶
安汶事件
1623年

義大利戰爭

【西元1494～1559年】

派遣外交官、設置大使館的創立

蘇格蘭王國
丹麥王國
北海
英格蘭王國
條頓騎士團國
布蘭登堡
波蘭王國
科隆
薩克森
愛爾蘭
特里爾
波希米亞王國
美茵茲
普法爾茨
神聖羅馬帝國
法蘭西王國
大西洋
納瓦拉王國
教宗國
葡萄牙王國
卡斯提亞王國
亞拉岡聯合王國
西西里王國
地中海
拿坡里王國
熱內亞共和國
哈布斯堡共和國
威尼斯共和國
七個選帝侯

戰爭下產生的外交官與大使館制度

法國在百年戰爭中成功擊退英國、將國內大部分領地收為領土以後，接著就把目標放在了豪強勃艮第公爵手中的**尼德蘭**（註）。尼德蘭是當時歐洲最進步的經濟區，法國對此地的垂涎之情可謂是與日俱增。

為免於法國併吞，勃艮第公爵決定跟**神聖羅馬皇帝所屬的哈布斯堡家族**（奧地利）連姻以為對抗，哈布斯堡家族也藉此趁機將手伸進義大利北部。就連西班牙也因為畏懼法國而選擇向哈布斯堡家族靠攏，形成法國被哈布斯堡家族四面包圍

註：尼德蘭：荷蘭、比利時、盧森堡。

EPISODE

大使館・外交官制度之伊始

大使館和外交官制度始於**義大利戰爭**（1494～1559年）。神聖羅馬皇帝哈布斯堡家族在西歐勢力大張，另一廂羅馬教宗、義大利諸城市和英國則是選擇加入法國陣營，甚至伊斯蘭文化圈的鄂圖曼皇帝蘇萊曼1世也選擇加入合作。全世界都不樂見有單獨一國強大的情形，畢竟國際政治場域首重**勢力均衡**。因為這個緣故，各國才有「組成同盟對抗哈布斯堡家族」之舉。

從此各國開始互相派遣**外交官**常駐，用以交換情報、傳達意志，後來更逐漸發展成設置大使館。

1598年，去訪法國的荷蘭使團中竟然有一名15歲少年。此少年11歲便進入萊頓大學就讀、14歲便已畢業，名字叫作格勞秀斯。他主張公海可以自由航行、為荷蘭東印度公司辯護，受世人奉為「自然法之父」、「國際法之父」。席捲全歐洲的三十年戰爭（1618～1648年）爆發後，格勞秀斯著手編寫《**戰爭與和平法**》，對近代外交的成立造成了莫大影響。

的態勢。1494年，法國為挽回劣勢決定進軍義大利，從此揭開了牽延直到18世紀的**法國VS哈布斯堡家族的「戰爭時代」**。

第一階段的義大利戰爭是以法軍敗退告終。戰後哈布斯堡家族利用政治連姻大舉擴張領土，一舉囊括荷蘭、比利時、盧森堡、米蘭（北義）、西西里島、拿坡里（南義）、西班牙、中南美洲甚至菲律賓。法國不堪情勢演變再起戰端，使得義大利戰爭繼續牽連延宕下去。

為交換戰爭所需的資訊情報，歐洲各國從此**開始設立外交官和大使館**。原來密切的外交關係並不是因為邦交友好，而是來自於戰爭的需要。

媒體革命帶來宗教改革

德國宗教戰爭【西元1546～1547年】

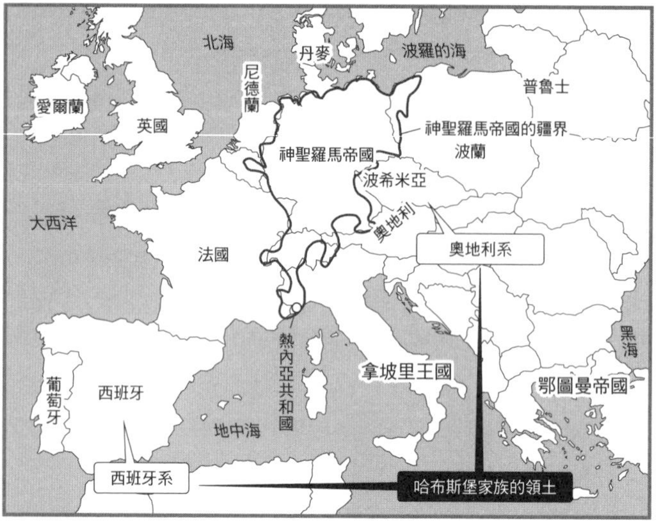

販售贖罪券籌措修築大教堂的費用。

宗教戰爭促成印刷技術發達

義大利戰爭（1494～1559年）當時歐洲還有另一件大事發生，那便是**德國宗教改革**，改革者叫作**馬丁・路德**（註）。當時羅馬教會為籌措聖彼得大教堂的修建費用而大肆兜售贖罪券，聲稱只要購買贖罪券**罪行就會得赦、其人將會得到救贖**。馬丁・路德對此嗤之以鼻，說道：「開什麼玩笑！神的救贖既不在於贖罪券，也不在羅馬教宗怎麼說，全都在記載上帝話語的《聖經》裡面！」後來他的這個主張也形成了聖經信仰論，傳遍整個歐洲。

註：馬丁・路德：1517年發表〈九十五條論綱〉批判羅馬教會的神學家。

EPISODE

活版印刷術的力量

16世紀，活版印刷術推動了歷史的巨輪。這件事情要從荷蘭文人伊拉斯謨出版的《愚神禮讚》開始說起。《愚神禮讚》說世間萬物都是因為司掌「痴愚」（愚蠢）的女神茉莉方得成立，採用反諷的故事設定。痴愚女神自吹自擂地說道即便教會也不例外，整個教會都被金錢矇蔽眼睛、腐敗墮落，說這些都是愚神的神通廣大。《愚神禮讚》引起許多共鳴，各國都有翻譯，據說刊行總數高達數十萬冊。

萬千讀者當中有一個人，此人正是宗教改革的領導者馬丁·路德，而他的主張同樣也因為活版印刷而得以迅速傳播開散。16世紀中葉歐洲進入宗教戰爭時代，德國有施馬爾卡爾登戰爭（1546～1547年），法國有胡格諾戰爭（1562～1598年），荷蘭獨立戰爭（1568～1648年）、英國和西班牙爆發的無敵艦隊之役（1588年），這些戰爭無一不是來自於天主教與新教的對立爭端。

在後來的市民革命與民族運動當中，活版印刷又再次發揮了更加驚人的力量。因此我們大可以說活版印刷引領著近代世界的發展與形成。

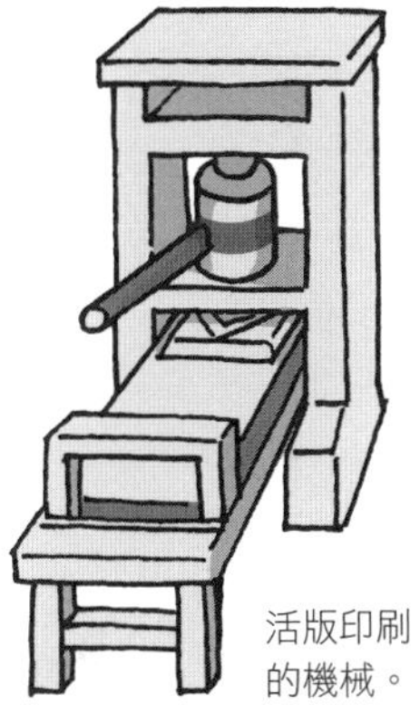

活版印刷的機械。

根據神聖羅馬帝國的記錄，當時的德國是個由大大小小三百多個國家組成的聯合國家。這三百多個國家在1546年分成羅馬教宗派和馬丁·路德兩派，使得整個德國一分為二、爆發了**宗教戰爭**（施馬爾卡爾登戰爭·1546〜1547年）。最後雙方在1555年簽下**奧格斯堡和約**，從此德國各國君主可以自由選擇要加入羅馬教宗或是新教路德宗。

宗教改革之所以如此轟動，其實也是因為背後有可供快速傳遞消息的**「媒體革命」**在加油添醋助長火勢。15世紀中葉**古騰堡**發明了金屬活版印刷術，而在馬丁·路德橫空出世的短短半個世紀以後，歐洲已經有了多達上千家的出版印刷公司。宗教改革家的諸多主張，便是藉著這股力量方才得以大舉傳揚開來。

導致德川幕府鎖國的戰爭

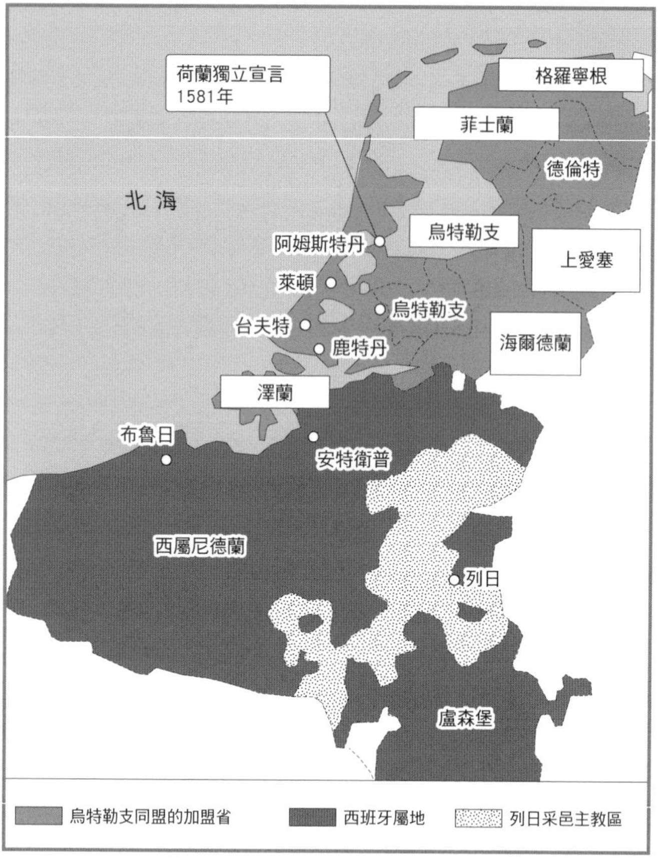
荷蘭獨立宣言
1581年
格羅寧根
菲士蘭
德倫特
北 海
烏特勒支
阿姆斯特丹
上愛塞
萊頓
烏特勒支
台夫特
鹿特丹
海爾德蘭
澤蘭
布魯日
安特衛普
西屬尼德蘭
列日
盧森堡
烏特勒支同盟的加盟省
西班牙屬地
列日采邑主教區

日本鎖國與歐洲的戰爭

自從宗教改革將歐洲一分為二，便形成了以羅馬教宗為首的**天主教**，以及主張《聖經》信仰才是基督教真理的**新教**兩個陣營。這時候的西班牙出了一位強勢的君主**腓力2世**(註)，他反對宗教改革、主張天主教再次統一歐洲，還兼任鄰國葡萄牙的國王。

詎料西屬尼德蘭竟在此時爆發獨立戰爭。新教（喀爾文教派）在此滲透紮根已久，而腓力2世禁止天主教以外的其他信仰、早欲發兵壓制，更別說尼德蘭是歐洲的商業金

註：腓力2世：1556～1598年在位。他建立了橫跨新大陸、直抵太平洋的廣袤版圖，是將西班牙打造成「日不落帝國」的名君。

西班牙	荷蘭	日本
卡洛斯 1 世 **（神聖羅馬皇帝查理 5 世）** **1519** 科爾特斯征服阿茲特克王國（～ 1521） **1521** 參加義大利戰爭（～ 1559） **1522** 皮澤洛征服印加帝國（～ 1533）	·**新教（新教徒）傳播** ·**安特衛普成為世界經濟中心**	室町時代
1556 哈布斯堡家族分裂成西班牙（腓力 2 世）與奧地利（斐迪南 1 世）	**1556** 西班牙成為哈布斯堡家族領地	戰國時代
腓力 2 世 **1559** 締結卡托 - 康布雷西和約，終結義大利戰爭 **1571** 勒基陀海戰擊敗鄂圖曼帝國，建設馬尼拉	**1567** 對新教徒迫害加劇 **1568** 獨立戰爭爆發 **1572** 奧蘭治親王威廉 1 世就任荷蘭省總督 **1579** 南部十省脫離戰線，北部七省組成烏特勒支同盟	
1580 併吞葡萄牙 **1585** 西班牙軍隊破壞安特衛普 **1588** 無敵艦隊之役，西班牙無敵艦隊敗給英國 **1589** 介入胡格諾戰爭	**1581** 荷蘭（尼德蘭七省聯合共和國）宣布獨立 **1584** 奧蘭治親王威廉 1 世遭暗殺	安土桃山時代
1618 三十年戰爭開始（～ 1648） **1639** 西班牙海軍敗給荷蘭海軍 **1640** 葡萄牙脫離西班牙獨立 **1648** 西伐利亞會議。承認荷蘭獨立	**1602** 成立聯合東印度公司。 **1609** 與西班牙締結休戰條約（12 年） **1619** 於爪哇島建設雅加達市 **1621** 成立西印度公司 **1623** 安汶事件 **1624** 占領台灣南部 **1626** 建立新阿姆斯特丹	江戶時代

焦點人物

腓力2世

（1527～1598年）

日不落帝國——這是人們對16世紀西班牙王國君臨世界的讚頌之辭，而建立這個龐大帝國的國君正是腓力2世。其統治及於鄰國葡萄牙、義大利、西西里島、拉丁美洲，以及遠在亞洲的菲律賓，甚至連英國也曾經一度在他的統治之下。而他的名字後來也成了菲律賓的國名，延襲至今。

融中心，所以西班牙絕無可能放棄這塊肥肉。

1568年**荷蘭獨立戰爭**於焉爆發。其間荷蘭成立了**東印度公司**（1602～1799年），東印度公司除了從事貿易以外，更擁有締結條約、宣戰權等權力。

荷蘭獨立戰爭還牽連到遠在日本的德川幕府並且釀成戰禍，此即長崎的**島原之亂**（1637～1638年）。荷蘭人選擇出兵幫助德川幕府，以艦隊砲擊鎮壓叛亂；這廂叛軍則是一直等待著葡萄牙人提供支援，卻以慘敗告終。最終荷蘭痛擊西班牙保護傘下的葡萄牙，才取得了獨立戰爭的勝利。

最後荷蘭人才向德川幕府進言**鎖國**排除禁止天主教，進而壟斷對日貿易。

「主權國家之間地位對等」從此開始

西伐利亞和約
在這兩個都市簽署
丹麥-挪威
聯合王國
蘇格蘭王國
西波美拉尼亞
西波美拉尼亞
愛爾蘭
1636年
布蘭登堡
東波美拉尼亞
尼德蘭七省
聯合共和國
英格蘭
王國
奧斯納貝克
明斯特
1631年
1632年
波蘭王國
西屬尼德蘭
神聖羅馬帝國
1645年
亞爾薩斯
1634年
1620年
匈牙利王國
瑞士共和國
法蘭西王國
米蘭
公國
1627年
威尼斯共和國
鄂圖曼帝國
教宗國
西班牙王國
葡萄牙王國
拿坡里王國
奧地利的哈布斯堡家族領地
西班牙的哈布斯堡家族領地
霍亨索倫家族領地
三十年戰爭的主戰場
條約締結地

如今已成常識的國際社會思想

正當荷蘭在日本鎮壓島原之亂（1637～1638年）的同時，歐洲也迎來了「**寒冷的17世紀**」。農作歉收、產業經濟不振，諸多狀況終於釀成了戰端。

1618年，神聖羅馬帝國（德國）治下的波希米亞（今捷克）發生了新教徒遭迫害事件，而這個單一事件又演變加劇成為席捲全歐洲的大戰，即**三十年戰爭**。

神聖羅馬皇帝的軍隊壓制波希米亞以後（1618～1623年），接著又觸發形成**丹麥戰爭**（1625～

1629年）和**瑞典戰爭**（1630〜1635年）。一方是支持舊教（天主教）的神聖羅馬皇帝軍隊，另一方則是信仰新教的諸國，所以這些戰事也都可以算是宗教戰爭。最出人意料的是，一向信仰舊教的**法國**竟然扯起打倒神聖羅馬帝國（哈布斯堡家族）的大旗參戰，一方面支援信仰新教的瑞典（1635〜1648年），一方面企圖削弱在國際間勢力龐大的哈布斯堡家族。

1648年歐洲各國代表齊聚一堂召開**西伐利亞會議**，當時簽署的三十年戰爭終結條約可謂形同「神聖羅馬帝國的死亡證明」。從此神聖羅馬帝國變成諸侯與自由都市組成的主權國家聯盟（邦聯），哈布斯堡家族的皇帝權柄從此消滅。雖說帝位仍在，不過充其量也只能說是德意志地區的整合者而已。各國可以自由選擇宗教、荷蘭和瑞士獨立獲國際承認，也是這個時候的事情。

「主權國家之間地位對等」這個如今已成國際社會大前提的思想，便是始於西伐利亞會議。

●三十年戰爭的經緯

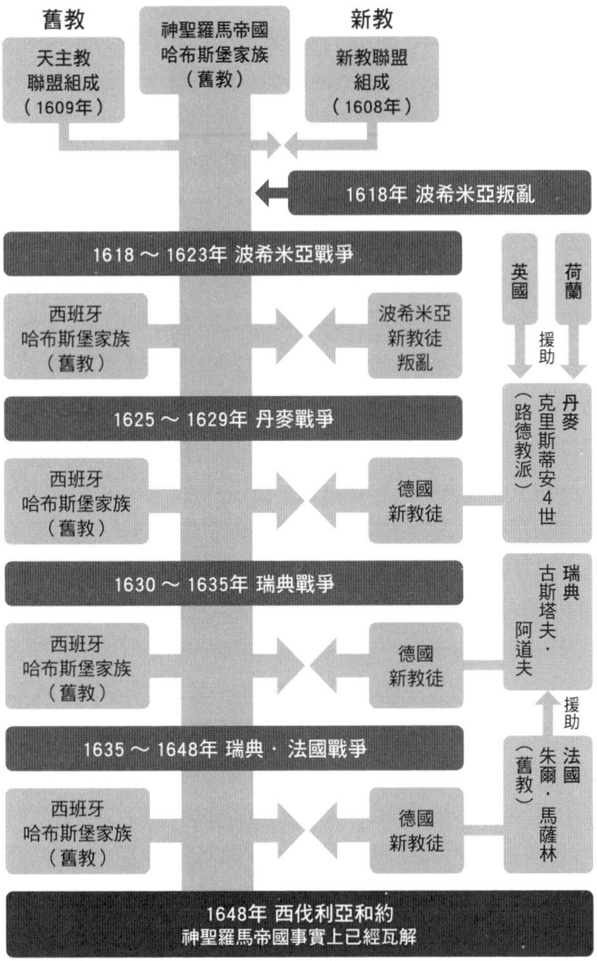
舊教
天主教聯盟組成（1609年）
神聖羅馬帝國
哈布斯堡家族
（舊教）
新教
新教聯盟組成（1608年）
1618年 波希米亞叛亂
1618〜1623年 波希米亞戰爭
西班牙
哈布斯堡家族
（舊教）
波希米亞新教徒叛亂
英國
荷蘭
援助
丹麥
克里斯蒂安4世
（路德教派）
1625〜1629年 丹麥戰爭
德國新教徒
1630〜1635年 瑞典戰爭
瑞典
古斯塔夫·阿道夫
援助
1635〜1648年 瑞典·法國戰爭
法國
朱爾·馬薩林
（舊教）
1648年 西伐利亞和約
神聖羅馬帝國事實上已經瓦解

英國工業革命的起源故事

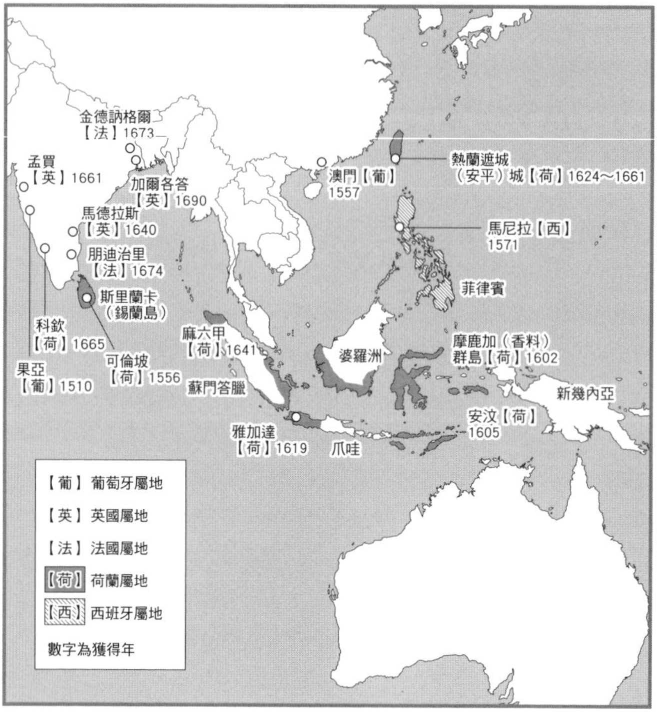
金德訥格爾
【法】1673
孟買
【英】1661
加爾各答
【英】1690
馬德拉斯
【英】1640
朋迪治里
【法】1674
斯里蘭卡
（錫蘭島）
科欽
【荷】1665
可倫坡
【荷】1556
果亞
【葡】1510
澳門【葡】
1557
熱蘭遮城
（安平）城【荷】1624～1661
馬尼拉【西】
1571
菲律賓
麻六甲
【荷】1641
婆羅洲
摩鹿加（香料）
群島【荷】1602
蘇門答臘
新幾內亞
安汶【荷】
1605
雅加達
【荷】1619
爪哇
【葡】葡萄牙屬地
【英】英國屬地
【法】法國屬地
【荷】荷蘭屬地
【西】西班牙屬地
數字為獲得年

工業革命始於棉製品

17世紀**荷蘭東印度公司**透過亞洲貿易逐步攢積實力、站上國際商業的頂點，而荷蘭的繁榮實乃歸功於其貿易架構。

當時歐洲對香料需求很大，荷蘭人遂建構起以下的貿易網絡，藉以取得最受歡迎的**摩鹿加群島（位於現在的伊尼）出產的胡椒**。首先把中國生產的昂貴生絲運到長崎，換取大量的日本銀，再拿這銀子用低價把印度的棉製品全部買下，運到東南亞倒賣、換取香料作為報酬。荷蘭的榮景，便是建立在這個以香

EPISODE

英國工業革命

17世紀的印度是個氣候悶熱、雨季漫長嚴酷的國度。英國東印度公司在這裡遭遇到一個命運的邂逅，發現了卡麗蔻棉布。本來歐洲人無論冬夏穿的都是毛織衣物，而這次棉布的「發現」正是掀起歐洲服飾革命的關鍵契機。

由於棉製品的暢銷爆紅，18世紀後期的工業革命自然便是從製棉工業這個產業類別為首展開。原料棉花的主要栽種區位於北美南部，種棉的勞動力則是從西非運往美洲的黑奴。待棉花收成以後運往英國，以機械製作成商品（**大西洋三角貿易**）。**克朗普頓**發明的走錠細紗機、**卡特賴特**發明的動力織機，分別實現了棉線與棉布的工業量產化，而這些機械的動力來源便是瓦特發明的蒸汽機。其實此前便已經有利用蒸氣運作的抽水泵浦，瓦特只是把蒸氣動力的上下活塞運動改成旋轉運動、製成了「蒸汽機」。**富爾頓**的蒸汽船、**史蒂文生父子**的蒸汽火車頭，都是拜瓦特所賜方得實現的產物。現如今瓦特的名字，甚至還成了電力的單位一直沿用至今。工業革命便是人類得以從九千年前開拓發展的農業社會脫離蛻變，切換進入工業社會的關鍵契機。

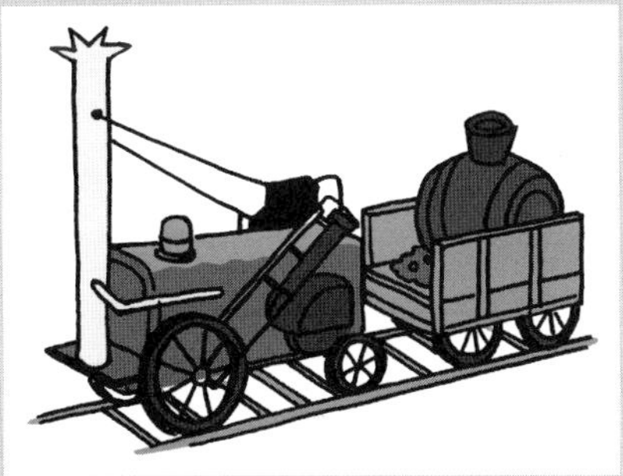

料為頂點的貿易架構之上。

過沒多久就有挑戰者出現，那就是英國。1623年，英荷兩國的東印度公司在摩鹿加附近的**安汶爆發武力衝突**。事件中甚至有支持英國的日本人被殺，最後英國決定從這個地區抽身撤退，使荷蘭得以壟斷獨占摩鹿加的香料貿易。

英國將矛頭轉向印度，殊不知命運的邂逅早已經在那裡等待著。英國人在這裡發現了**名為卡麗蔻的印度棉布**，從而在原先無論四季一概穿著毛織衣物的歐洲掀起服飾革命。18世紀英國工業革命起於棉布工廠，便是肇因於此。**安汶事件**便是如此改變了英國的命運，改變了世界史。

英國工業革命始於18世後期詹姆斯・瓦特發明的蒸汽機。其實在此之前，便已經有紐科門利用蒸汽發明排水機，將其運用於挖煤的礦坑。

瓦特將蒸汽帶動的上下運動改良為旋轉運動、發明蒸汽機，製棉工廠也在投入蒸汽機以後得以大量生產棉線，而當時使用的機械便是克朗普頓的走錠細紗機（1779年）。

英國曼徹斯特生產的棉線棉布，又透過貿易港利物浦出口銷售到全世界。1830年兩個都市間的鐵路開通，然後才有史蒂文生（子）發明的蒸汽機車「火箭號」奔馳的身影。

● **外輪式蒸汽船克萊蒙特號**

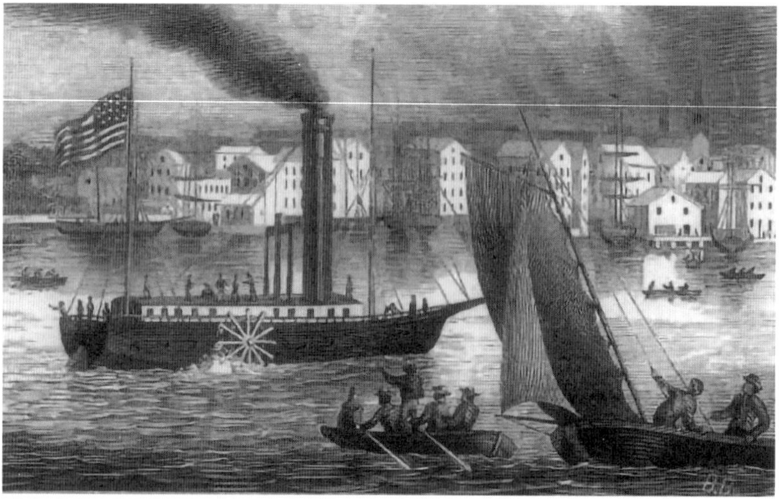

世界第一艘實用汽船。在哈德遜河載客試航成功，為現代汽船奠定基礎。

● 喬治．史蒂文生製作的火箭號

喬治．史蒂文生有功於公共鐵道之實用化，有「蒸汽機車之父」之稱。

● 製棉工廠裡的童工

Drawn by T. Allom.
Engraved by J.W. Lowry

瓦特改良蒸汽機成功，使得大量生產產品的工廠制機械工業獲得長足發展。19世紀的英國因為工業革命而成為「世界工廠」。

英荷戰爭

紐約可不是荷蘭

【西元1652～1654年‧1655～1667年‧1672～1674年】

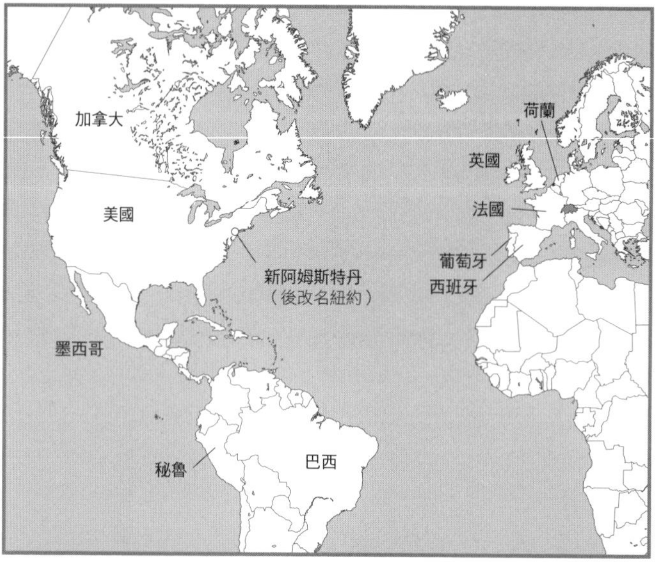
加拿大
荷蘭
英國
美國
法國
葡萄牙
西班牙
新阿姆斯特丹
（後改名紐約）
墨西哥
秘魯
巴西

紐約這個都市名是英國人的命名。

誕生自戰爭的美國象徵

安汶事件發生約莫三十年後，英國發現必須壓制荷蘭否則便無法航向世界，於是就在1651年制定了**航海法**（註）。荷蘭對此很是惱怒，因為國際商業和海運事業一直都是支撐荷蘭繁榮的兩大支柱，當時各國都要利用荷蘭的船隻來輸送商品貨物，航海法對荷蘭來說無異於死刑宣判。為此，兩國從此展開了前後共三次的**英荷戰爭**。

其中引爆第二次英荷戰爭的導火線，是北美大陸的殖民地問題。原來英國強占荷屬新阿姆斯特丹，將

註：航海法：主張貿易商品應由生產國自行海運而不應委託他國的法律。

EPISODE

紐約的世界史

美國最大的都市紐約是位於美國東北岸的港口都市，誕生於1664年。當時英國約克公爵（後來的英國國王詹姆士2世）的軍隊占領荷屬新阿姆斯特丹以後，將其命名叫作紐約。

紐約港位於哈德遜河的出海口。1807年，美國人富爾頓發明的蒸汽船克萊蒙特號便是在這裡試航成功。不到半個世紀，蒸汽船就成了各國海軍的主力船隻，甚至投入鴉片戰爭（1840～1842年）。同一時間，大批愛爾蘭人渡海來到美國，使得紐約成為移民進入美國的門戶。第一次世界大戰結束後，美國進入大眾消費時代，華爾街（紐約證券交易所）熱潮被視為繁榮的象徵，甚至美國總統胡佛都在1929年3月4日盛讚美國社會是「永遠的繁榮」。誰能料到短短10個月後股價暴跌，經濟大恐慌加快了第二次世界大戰到來的腳步。

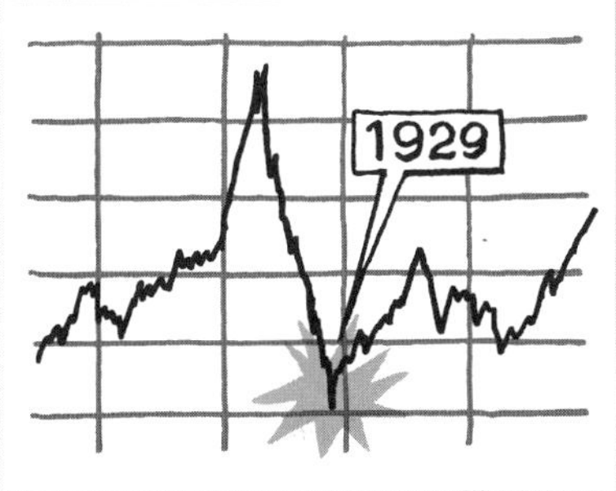

二次大戰末期1945年7月，原子彈的製造暨實驗計畫被命名為「曼哈頓計畫」，選用紐約哈德遜河裡的沙洲曼哈頓島作為作戰代號，而戰後聯合國也將總部設置於紐約。或許我們可以說，紐約其實就是近代戰爭與和平的縮影。

其命名為「紐約」。此名取自當時英王詹姆士2世的封號，意為「**約克暨阿伯尼公爵的新地**」。荷蘭對英國這種恣意妄為、甚至可以說是侵略的行為當然是大為光火，於是雙方爆發第二次英荷戰爭，此戰最後是以英國占得優勢收場。

荷蘭也是在這場戰爭的期間決定從北美殖民地抽身撤退。紐約如今已是最具象徵意義的美國都市，可是證券交易所還能看得到不少荷蘭人留下的遺風，例如「**華爾街**」這個路名便是；原來這裡正是從前荷蘭殖民者建築城牆，藉以抵禦北美原住民攻擊、保護城鎮的地方。

這便是**「城牆之街」（華爾街）**的由來。現如今已是世界級大都市的紐約，同樣也是誕生於戰火之下。

維也納之圍【第2次・西元1683年】

可頌・貝果・卡布奇諾

瑞典王國
丹麥-挪威聯合王國
俄羅斯羅曼諾夫王朝
普魯士公國
波蘭王國
神聖羅馬帝國
1683年
第2次維也納之圍
巴伐利亞公國
摩爾多瓦
（摩達維亞）公國
外西凡尼亞
公國
威尼斯共和國
匈牙利王國
瓦拉幾亞大公國
翡冷翠
教宗國
熱內亞共
和國
黑　海
鄂圖曼帝國
拿坡里王國
西西里王國

咖啡館是思想家、活動家的聚集地。

大西洋
蘇格蘭
愛爾蘭王國
英格
葡萄牙王國
西班牙

基督教與伊斯蘭教的矛盾對立

1683年，距離英荷戰爭結束不到短短十年，伊斯蘭世界的霸主**鄂圖曼帝國**向神聖羅馬帝國進軍發動攻擊，世稱**維也納之圍（第2次）**。

這場戰爭起因於鄂圖曼帝國宰相卡拉・穆斯塔法的功名心作祟，他做著吞併歐洲的春秋大夢，欲自比為從前以**維也納之圍（第1次・1529年）**聞名的蘇萊曼大帝。

這廂神聖羅馬帝國經過第1次維也納之圍的教訓，早已經把帝都維也納的城牆加固加牢，再加上波蘭和德國諸侯聯盟參戰助陣，甚至各國也派遣義勇軍來援，組成基督教聯軍。

第2次維也納之圍便是這般帶有極鮮明的「**基督教決戰伊斯蘭教**」色彩。最後基督教聯軍擊退了鄂圖曼軍隊，使卡拉・穆斯塔法的野心化為泡影。

戰禍之下誕生的飲食文化

始料未及的是，這場戰禍卻造就了全新的飲食文化。原來鄂圖曼軍隊遺留下來的各種物資裡面，有種叫作咖啡豆的東西。

自從維也納之圍以後，人們懂得在咖啡裡加糖加奶、製作**卡布奇諾**，造成不少店家都打著維也納咖啡的招牌開幕營業。又據說維也納市民按照土耳其國旗上的新月形狀發明了**可頌**，這廂猶太人則是為讚揚騎兵的赫赫戰績而發明了馬蹬形狀的**貝果**。真是沒想到，戰爭竟然能夠孕生出如此出乎意料的飲食文化。

如今隨處可見的可頌、貝果和卡布奇諾竟然是戰爭的產物，可見戰爭與飲食文化關聯之深。

西班牙王位繼承戰爭【西元1701～1714年】

泡沫經濟的「泡沫」來自南海

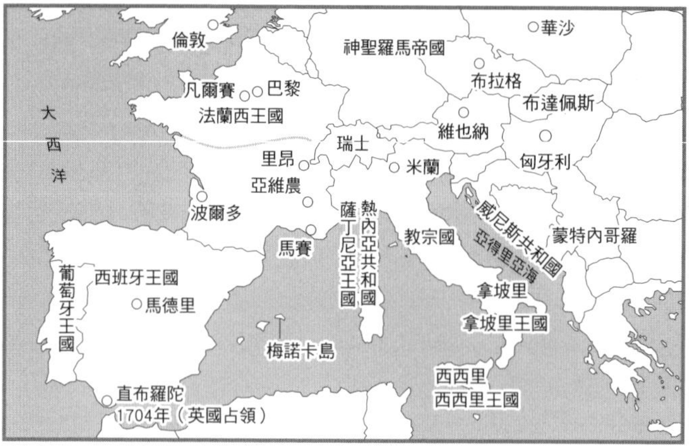

指稱不具實體之經濟狀態的用語「泡沫」

維也納之圍戰役中，有一名國君暗自期盼鄂圖曼軍隊能夠大有展獲，此人就是**法蘭西國王路易14世**（在位1643～1715年）。他的盤算就是要打敗哈布斯堡家族，併吞西班牙。

1700年西班牙發生王位繼承問題，醞釀已久的路易14世看準時機，成功把孫子腓力5世拱上了西班牙國王的王位。諸國之所以同意此事，那是因為大家講好了腓力5世即位成為西班牙國王以後就要放棄法國王位繼承權，可是事後腓力

造成股價暴跌的「南海泡沫事件」。現代人用來指稱經濟炒作過熱的「泡沫」一語便是來自於南海泡沫事件。

5世卻並沒有這麼做，誰能保證將來不會有**法國-西班牙同君聯合王國**出現的可能性呢？除哈布斯堡家族以外，英國、荷蘭也齊聲反對，從此引爆**西班牙王位繼承戰爭**。最終各國承認腓力5世獲得西班牙王位，可是仍然必須放棄法國王位繼承權。

當時西班牙國內的奴隸貿易權**「阿西恩托」（Asiento）**是由英國獨占壟斷。當時中南美洲大陸幾乎清一色是西班牙的屬地，而經營殖民地一定要用到奴隸。誰要是能夠獨占奴隸貿易權，獲利自然是近在眼前。英國設置專營奴隸貿易的**南海公司**以後，面額100英鎊的該公司股票很快就飆漲到十倍變成了1000英鎊。

可是南海公司的實際營運卻並不順遂。股價在消息傳開以後轉眼暴跌到124英鎊，這便是歷史留名的**「南海泡沫事件」**。因為公司以「南海」為名，所以才用「泡沫」來形容沒有實體的經濟事業。從此可以發現，泡沫經濟跟戰爭爭權奪利也有著很深的關係。

●西班牙王位繼承戰爭

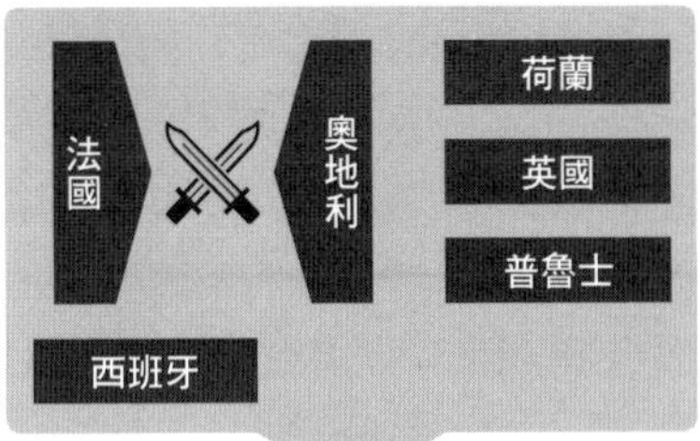

1713年 烏特勒支和約
1714年 拉什塔特和約

承認波旁家族腓力5世繼承西班牙王位，法國失去優勢

焦點人物

路易14世

（在位1643～1715年）

彷彿寶塚歌劇翻版般華奢美麗的空間，凡爾賽宮是推動世界史前進一個很重要的舞台。這座絢麗豪華宮殿的建造者，便是波旁王朝的法王路易14世。

他主張國王權力來自神的授予（君權神授），任誰也不可違逆。他獨尊天主教，其餘宗教概不承認。他以官方刊行的《法語辭典》為標準語，統一國家語言。這位君主的每一個舉措，無一不是在強調王權乃是唯一，乃是絕對。法國在北美洲的殖民地也是用他的名字來命名的，叫作「路易斯安那」，意思是「路易14世之地」。他長期在政治角力場上與神聖羅馬帝國、英國等對手激戰，可以稱得上是歐洲政壇的颱風眼。路易14世身高僅160公分、體型嬌小，可是腿部曲線美麗，據說不但非常注重而且也很喜歡穿高跟鞋。他自幼修習芭蕾、特別喜歡扮演阿波羅（太陽）的角色，自號「太陽王」。

北方戰爭【西元1700～1721年】

俄羅斯帝國首都彼得堡的誕生

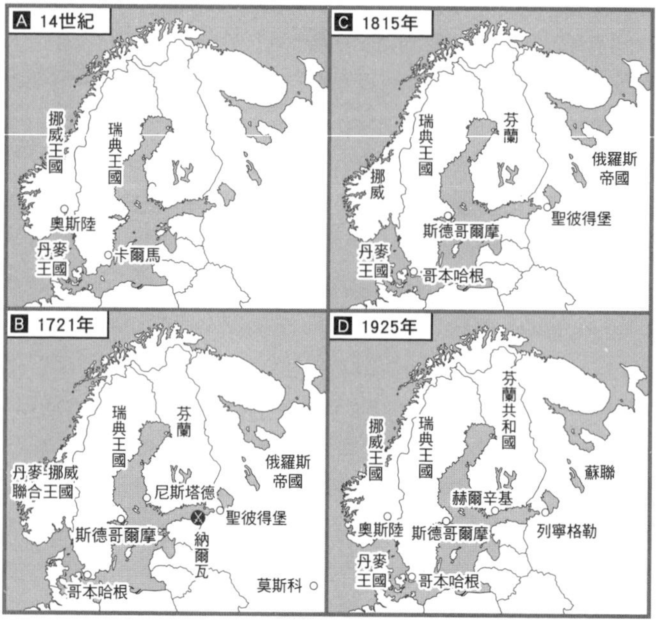

A 14世紀
挪威王國
瑞典王國
奧斯陸
丹麥王國
卡爾馬
C 1815年
瑞典王國
芬蘭
俄羅斯帝國
挪威
斯德哥爾摩
聖彼得堡
丹麥王國
哥本哈根
B 1721年
瑞典王國
芬蘭
丹麥‧挪威聯合王國
尼斯塔德
聖彼得堡
斯德哥爾摩
納爾瓦
哥本哈根
莫斯科
D 1925年
芬蘭共和國
挪威王國
瑞典王國
蘇聯
赫爾辛基
奧斯陸
斯德哥爾摩
列寧格勒
丹麥王國
哥本哈根

鄂圖曼帝國
瑞典
俄羅斯
丹麥
普魯士
波蘭

突破重重困境誕生的都市

北方戰爭是俄羅斯**彼得大帝**（在位1682～1725年）為爭奪波羅的海霸權所發動的戰爭。俄羅斯東有清朝，西有瑞典王國，南方則是鄂圖曼帝國的勢力範圍，可謂是深陷四面包圍，若欲前進世界與群雄逐鹿天下，勢必要先衝出一個突破口。

1696年彼得大帝首先從黑海～地中海的航線下手、占領亞速，開始向**鄂圖曼帝國施壓**。接著1700年又為確保北方航道而進軍波羅的海，侵犯到當時的波羅的海霸主瑞典，終於觸發北方戰爭。

俄羅斯為加強戰鬥態勢而於1703年在通往波羅的海的涅瓦河口建造要塞，這便是日後的帝都**聖彼得堡**（意為彼得大帝之都）。戰事之初瑞典占得上風，直到1709年**波爾塔瓦會戰**以後俄羅斯開始轉守為攻，最後瑞典國王卡爾12世無處可躲，只得亡命鄂圖曼帝國。1721年兩國在芬蘭的尼斯塔德締結和約，從此俄羅斯得以宣告波羅的海為「本國海域」

鄂圖曼帝國曾經在北方戰爭後期襄助瑞典，此舉也為後來俄羅斯女皇葉卡捷琳娜2世激戰鄂圖曼帝國埋下了伏筆。

●聖彼得堡的歷史

1703	彼得大帝建設聖彼得堡
1712	成為俄羅斯帝國的首都
1914	第一次世界大戰爆發 →改名彼得格勒
1917	二月革命
1924	列寧去世 →改名列寧格勒
1991	蘇聯解體 →改名聖彼得堡

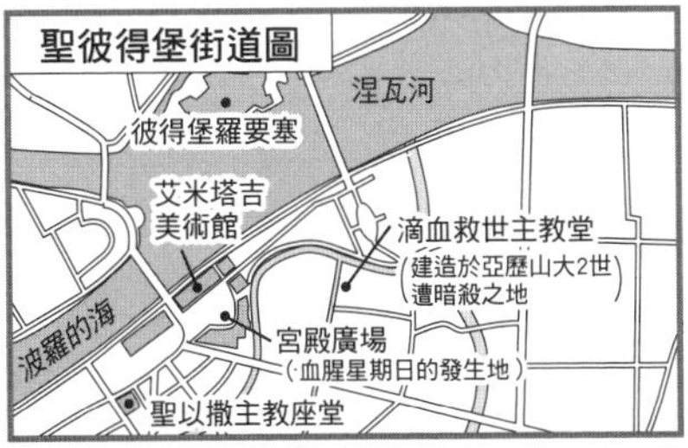
聖彼得堡街道圖
涅瓦河
彼得堡羅要塞
艾米塔吉
美術館
滴血救世主教堂
（建造於亞歷山大2世
遭暗殺之地）
波羅的海
宮殿廣場
（血腥星期日的發生地）
聖以撒主教座堂

聖彼得堡是俄羅斯的古都，
也是著名的觀光地。

焦點人物

葉卡捷琳娜2世
（1729～1796年）

葉卡捷琳娜2世是個頭腦清晰的德國人，肯於苦學俄羅斯的語言和風俗禮儀以求融入。她嫁的夫君俄皇彼得3世碌碌無能，但相傳彼得3世經常出言辱罵，使她感到強烈屈辱感所以奪取帝位報復。葉卡捷琳娜2世罷黜丈夫自己即位以後，不久就發兵攻打鄂圖曼帝國奪取克里米亞半島。俄羅斯為奪取不凍港而正式展開南下政策的，正是這位葉卡捷琳娜2世。

當時有個日本人曾經與這位女皇有過交集，此人便是因為船難被迫滯留俄羅斯的大黑屋光太夫，後來他也在俄羅斯負責對日貿易的拉克斯曼保護之下安全返回日本。葉卡捷琳娜2世也可以算是跟日本頗有淵源的一位俄羅斯皇帝。

column

來去加勒比海種咖啡！

咖啡在歐洲爆紅是18世紀的事情。法國人從中嗅到商機，決定在加勒比海的**法屬聖多明尼戈**（1697～1804年，即今日的海地）栽種咖啡豆和甘蔗。在經濟作物栽種的鼎盛時期，歐洲消費的砂糖當中約有40%都是來自這座島上，而咖啡市占率更是高達60%。

咖啡乃是熱帶作物，必須在炎熱氣候環境下栽培。烈日當空，就算被曬到眼冒金星還是得繼續幹，這種農活誰來做？那自然是黑人奴隸。黑人奴隸便是因此從西非被送到了這個加勒比海法國殖民地。

咖啡造就歐洲的**咖啡館**文化，點綴著啟蒙思想家高談闊論的桌面。這些思想家高喊人類自由平等同時，手上其實人人都端著一個咖啡杯。

1789年法國大革命爆發後，黑奴也跟著群起要求母國法國承認「人權宣言」也適用於殖民地。這時有一個人伸出了援手，那就是素有「**黑色雅各賓派**」之稱的杜桑．盧維杜爾。當時同意解放奴隸的，唯有雅各賓派一黨而已。

然則1794年**熱月政變**雅各賓派政權倒台，廢除奴隸的行動隨之戛然而止，海地獨立戰爭爆發。最終海地戰勝了派兵前來鎮壓的拿破崙軍隊，於1804年成功宣布獨立，可是這時海地卻是孤立於美洲世界，因為周遭國家個個都是承認並採用奴隸制的殖民地，就連家門口的美國也是在1865年南北戰爭結束以後才承認海地。

直到世界各國終於廢止奴隸制的19世紀後半，咖啡生產量仍然在不斷增加。此時全球最大的咖啡輸出國，已經變成了巴西。既然奴隸制度已經廢止，種植咖啡的勞動力是如何取得的呢？原來在巴西有一群人默默地流汗耕耘，這群人就是日本人。二次大戰以前，日本人時興「在銀座喝巴西咖啡」並稱之為**「銀巴」**（銀ブラ）（註），或許這正代表著日本人在享用咖啡的同時，也心繫著遠在他鄉辛勤工作的同胞。

註：說法不一。

第 4 章

近代世界的革命與國際戰爭

第4章介紹的世界史

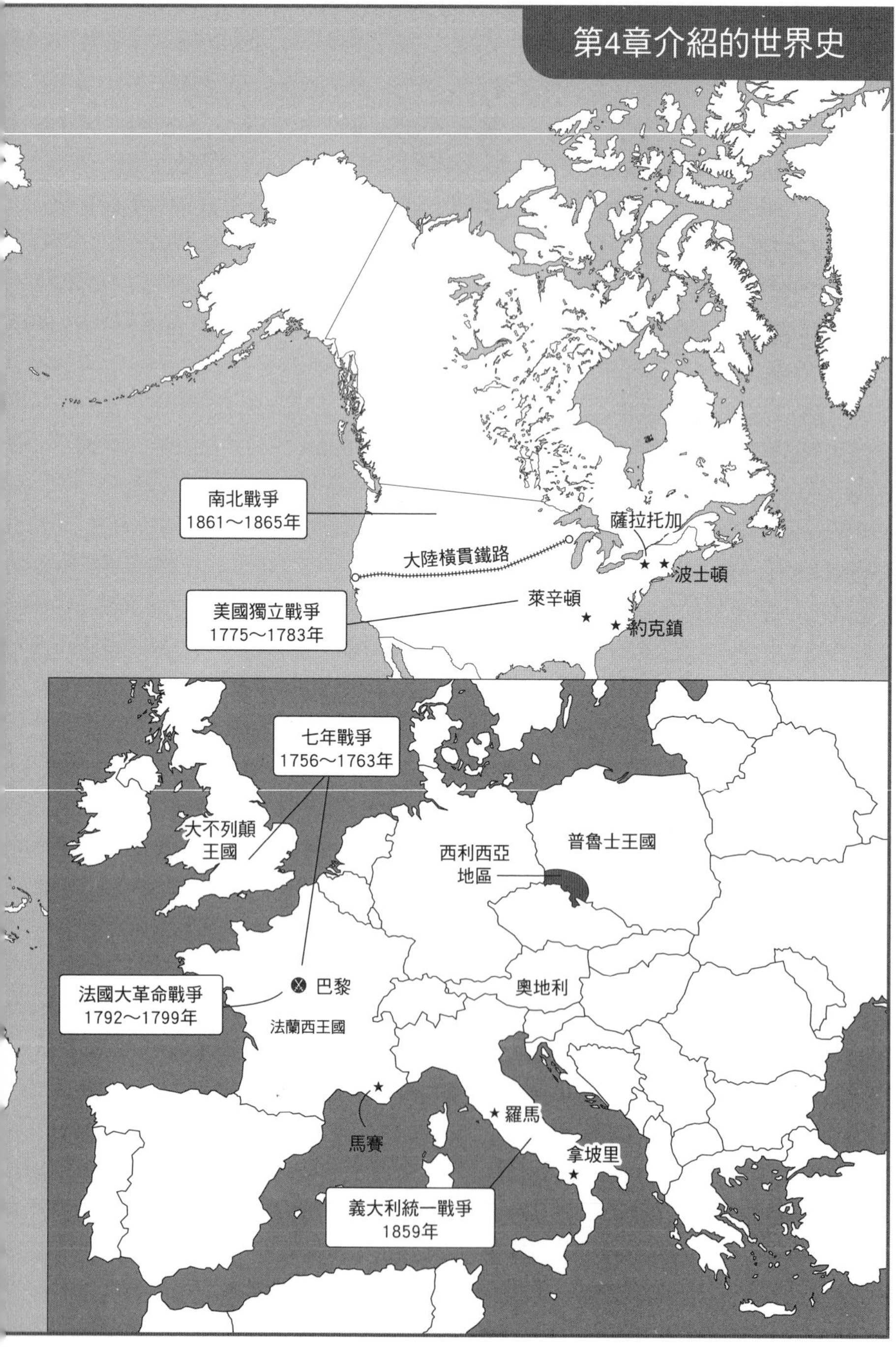

南北戰爭
1861～1865年
薩拉托加
大陸橫貫鐵路
波士頓
美國獨立戰爭
1775～1783年
萊辛頓
約克鎮
七年戰爭
1756～1763年
大不列顛
王國
普魯士王國
西利西亞
地區
巴黎
法國大革命戰爭
1792～1799年
法蘭西王國
奧地利
羅馬
馬賽
拿坡里
義大利統一戰爭
1859年

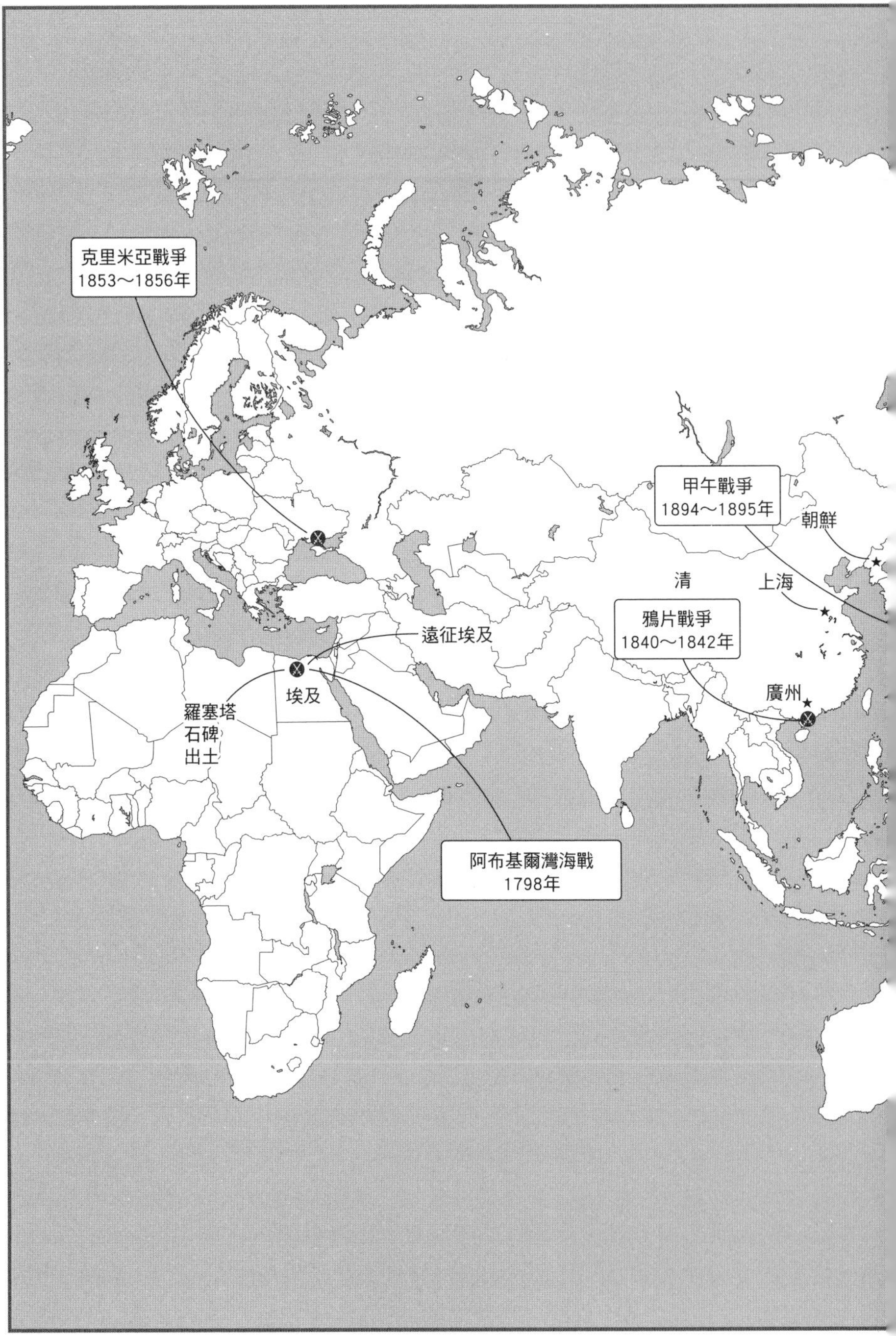
克里米亞戰爭
1853～1856年
甲午戰爭
1894～1895年
朝鮮
清
上海
鴉片戰爭
1840～1842年
廣州
遠征埃及
埃及
羅塞塔
石碑
出土
阿布基爾灣海戰
1798年

七年戰爭【西元1756～1763年】

英國殖民地帝國成立

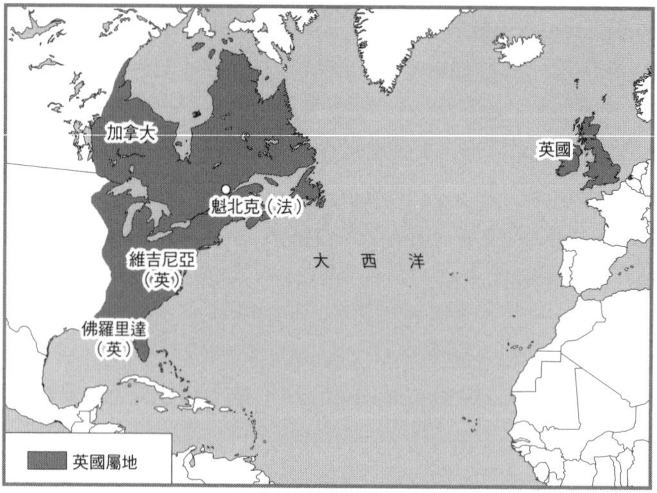
加拿大
英國
魁北克（法）
大西洋
維吉尼亞（英）
佛羅里達（英）
英國屬地

奧地利VS普魯士／法國VS英國發生衝突。

爭奪殖民地的戰事愈發頻仍

18世紀歐洲進入了大西洋兩岸的戰爭時代。「寒冷的17世紀」，西歐各國紛紛前進北美大陸找尋新天地，移居殖民者愈來愈多；法國占領了魁北克（註1）與路易斯安那，英國則是取得北美東部的十三個殖民地，緊張局勢進而造成英法決裂，兩國不僅僅在歐洲，在北美大陸也有激烈的碰撞。

1756年終於來到英法決一雌雄的時刻，此即**七年戰爭**。當時英國和普魯士（註2）已經在歐洲攢積了雄厚實力，使法國、奧地利備感

註1：魁北克：今加拿大東部地區。
註2：普魯士：即今日德國。

●歐洲諸王朝的族譜

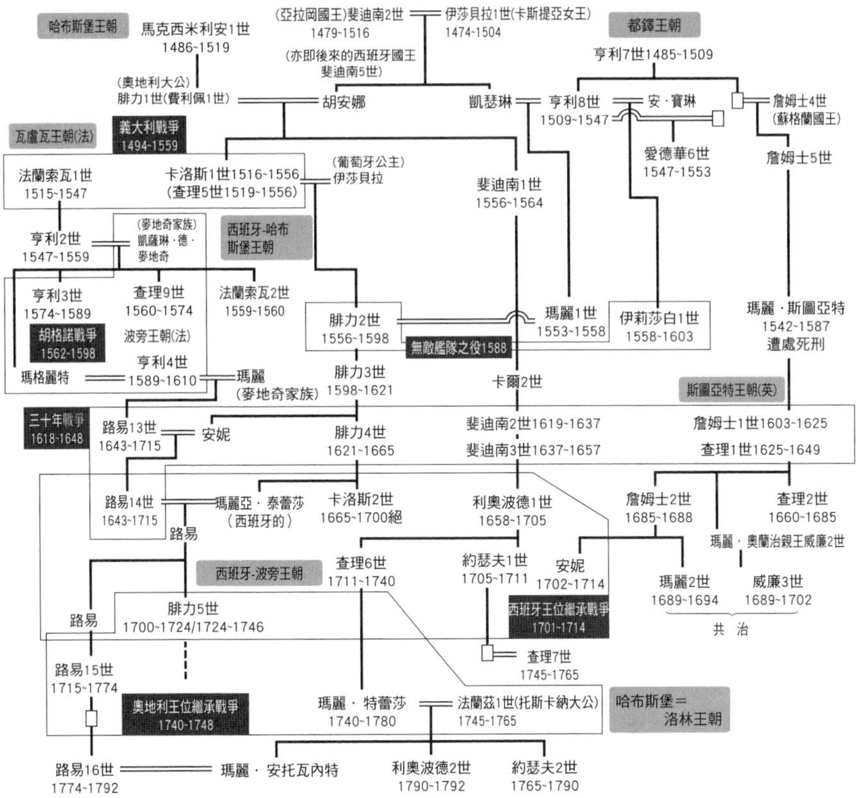

威脅。法奧兩國先前雖因義大利戰爭（1494～1559年）結仇，可是為取得對抗英國與普魯士的有利形勢，兩國達成了歷史性的和解。這次和解被譽為**外交革命**，奧地利還把女皇瑪麗亞・特蕾莎之女瑪麗・安托瓦內特嫁到了法國。

至此**七年戰爭**的對抗態勢終告成形。**奧地利與普魯士爭奪西利西亞地區的領有權，法國與英國則是為搶奪北美大陸殖民地而爆發衝突**。這場戰事最後以英國、普魯士獲勝告終，而同一時間法國又在另一場戰爭**英法北美戰爭**（1754～1763年）當中失去所有的北美殖民地，使得北美洲大半落入英國掌握，**英國殖民地帝國隨之誕生**。英國到目前為止可謂是一家通吃，殊不知不久以後很快就會面臨到報復反噬。

Coffee or tea？命運的分歧點

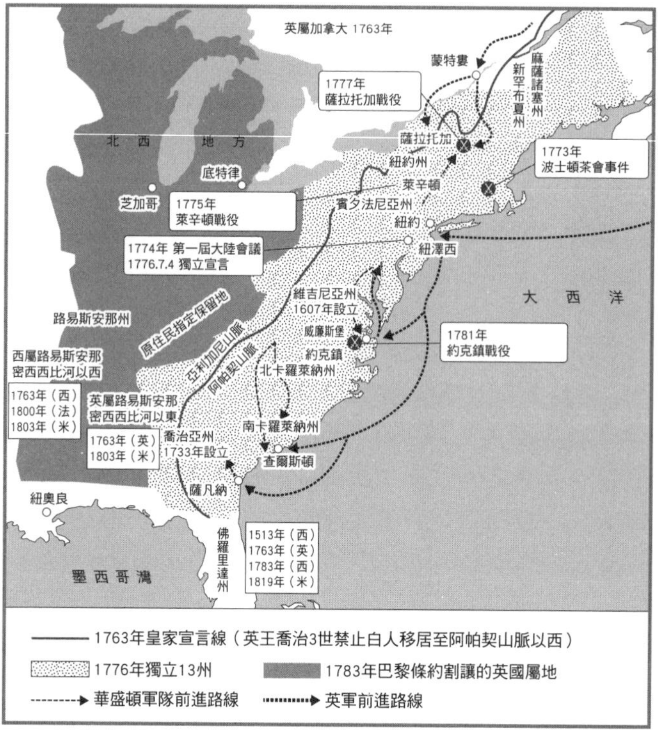
英屬加拿大 1763年
蒙特婁
1777年
薩拉托加戰役
麻薩諸塞州
新罕布夏州
北 西 地 方
薩拉托加
紐約州
1773年
波士頓茶會事件
底特律
萊辛頓
芝加哥
1775年
萊辛頓戰役
賓夕法尼亞州
紐約
1774年 第一屆大陸會議
1776.7.4 獨立宣言
紐澤西
大 西 洋
維吉尼亞州
1607年設立
原住民指定保留地
路易斯安那州
威廉斯堡
1781年
約克鎮戰役
亞利加尼山脈
阿帕契山脈
約克鎮
西屬路易斯安那
密西西比河以西
北卡羅萊納州
1763年（西）
1800年（法）
1803年（米）
英屬路易斯安那
密西西比河以東
南卡羅萊納州
1763年（英）
1803年（米）
喬治亞州
1733年設立
查爾斯頓
薩凡納
紐奧良
佛羅里達州
1513年（西）
1763年（英）
1783年（西）
1819年（米）
墨西哥灣
1763年皇家宣言線（英王喬治3世禁止白人移居至阿帕契山脈以西）
1776年獨立13州
1783年巴黎條約割讓的英國屬地
華盛頓軍隊前進路線
英軍前進路線

區區紅茶引發戰爭？咖啡館文化亦深受影響

七年戰爭勝利後，英國建立了龐大的殖民地帝國，可是換個角度來看，一家通吃就等於是**破壞了國際社會應有的狀態——均勢原則**。不僅僅北美大陸東半壁已經盡屬英國領地，甚至1773年印度成立孟加拉總督府，顯示英國的殖民運動也已經染指到印度。

歐洲諸國亟欲一改遭到英國破壞的國際形勢，才使得**波士頓茶會事件**（1773年）一觸即發演變成戰事、升級成**美國獨立戰爭**。

波士頓茶會事件起因於英國政府將北美13個殖民地的紅茶專賣權撥給東印度公司，不滿份子襲擊停泊在波士頓港的東印度公司船隻、把茶箱一一投入海中，英國政府遂派兵前往殖民地武力鎮壓。

獨立戰爭甫爆發之初，便有一名重要人物渡海前往法國，此人便是**班傑明・富蘭克林**。富蘭克林在巴黎頻繁出入咖啡館，向各界訴請支援美國獨立運動，因為咖啡館恰恰就是當時先進思想家和政治家的聚集場所。

不久法國、西班牙、荷蘭向英國宣戰，形成支援美國獨立運動的國際態勢。就連俄羅斯也跟歐洲諸國締結武裝中立聯盟，以此對抗英國。此外還有許多年輕人主動參加獨立義勇軍，後來領導法國大革命的拉法耶特便赫然也是其中一人。

1783年美國獨立獲得國際承認，而這其實也是國際政治**打壓英國**的結果。

EPISODE

文明繁榮的象徵

「巴黎就是個巨大的咖啡館」——此語出自18世紀法國啟蒙思想家孟德斯鳩，從此我們也不難想像巴黎街頭巷尾到處都是咖啡館的景象。

咖啡館是咖啡文化最具象徵意義的產物。相傳咖啡是1683年鄂圖曼帝國軍隊入侵維也納（第2次維也納之圍）當時傳到歐洲，而巴黎「普羅可布」咖啡館便是在三年後開幕，是至今仍在營業中的百年老店。普羅可布咖啡館出入的風流人物不知凡幾，而這裡也成了主張人類生來自由平等的啟蒙思想家高談闊論的場所。**美國獨立戰爭**期間（1775～1783年），獨立革命的燈塔班傑明・富蘭克林、獨立軍海軍英雄約翰・保羅・瓊斯等人也都曾經涉足此地。

法國大革命期間（1792～1799年），激進派領袖羅伯斯比、丹東、馬拉等人便是在這裡召開會議。當時加勒比海的法屬聖多明尼戈（現在的海地）大規模栽培咖啡和甘蔗所使用的勞動力仍是黑人奴隸，這也就是說當時身在巴黎的啟蒙思想家一手捧著壓搾黑奴勞力的咖啡，嘴上卻兀自高喊著「人類生來自由、平等」的口號。

瑪麗・安托瓦內特王妃的晚年

瑪麗・安托瓦內特可謂是日本人最熟悉的一位王妃。

安托瓦內特投獄

法王路易16世被推上斷頭臺以後，其王妃瑪麗・安托瓦內特（1755～1793年）從1793年8月起就被關進了位於巴黎市中心塞納河畔巴黎古監獄的單人牢房。該建物在卡佩王朝本是宮殿，後來才被改作監獄用途。

瑪麗・安托瓦內特王妃背負著全體法國人的嫉妒、忿恨等各種負面情緒，被推上斷頭臺只能說是意料中事。其實法國的民族心性恰恰正是培養來自於反德意志主義，而法國人的滿腔懣忿最終便指向了來自奧地利的瑪麗・安托瓦內特身上。

法國大革命以前，瑪麗是貴族社會的流行時尚指標。每一次的晚宴餐會，貴婦人個個掛念著「不知道瑪麗王妃今晚會如何打扮……」引頸期待她的出現。待到登場時卻讓眾人一愣，王妃竟然頂著一頭軍艦髮型，用秀髮拱著一艘揚帆的戰艦。想必她在社交場上的極度奢華，也相當程度地招來了民眾的怨恨。

沒有尊嚴的死亡

10月16日，瑪麗・安托瓦內特上斷頭臺的日子終於來臨。據說當天她很早就開始花費很長時間向神祈禱，早餐只吃了獄方所備餐點當中的清湯而已。執行死刑的監刑官來了，粗暴地把安托瓦內特的頭髮剪斷，說是避免頭髮妨礙到斷頭臺刀刃落下、無法順利砍斷首級。革命狂潮之下，且不說王妃毫無尊嚴，根本就連一介女性的心情也完全不予理睬體諒。

瑪麗・安托瓦內特度過最後時光的房間，是個約莫兩坪的狹小空間。

真實面貌仍在雲裡霧裡

離開巴黎古監獄來到處刑場（現在的巴黎協和廣場）踏上斷頭臺，時間已經過了正午。瘋狂的斷頭臺巨刃，斬斷了安托瓦內特的生命，享年37歲。其子路易17世（1785～1795）也在牢中愚蠢獄卒近乎拷問的嚴刑虐待之下，結束了僅僅十年的短促人生。

安托瓦內特王妃生性輕浮、恣意任性，儘管她給人如此強烈的刻板印象，不過據說她在教養王子的時候，卻是位特別強調忍耐之重要性的母親。

安托瓦內特處刑至今已經過了二百多年，其真實面貌仍是雲裡霧裡、未得盡知，值得百家爭鳴大作文章。

決定米制公約的革命

法國大革命戰爭【西元1792～1799年】

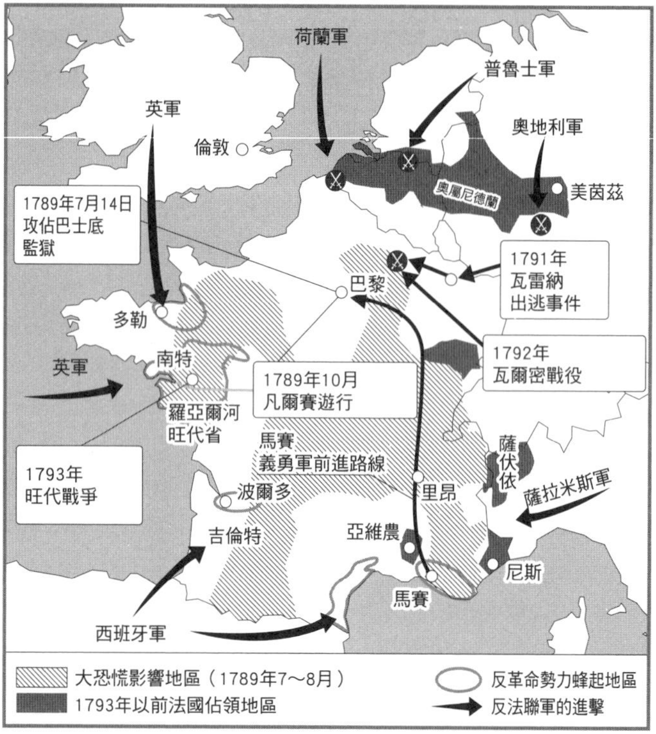
荷蘭軍
普魯士軍
英軍
倫敦
奧地利軍
美因茲
奧屬尼德蘭
1789年7月14日
攻佔巴士底
監獄
1791年
瓦雷納
出逃事件
巴黎
多勒
1792年
瓦爾密戰役
英軍
南特
1789年10月
凡爾賽遊行
羅亞爾河
旺代省
馬賽
義勇軍前進路線
薩伏依
1793年
旺代戰爭
波爾多
里昂
薩拉米斯軍
吉倫特
亞維農
尼斯
馬賽
西班牙軍
大恐慌影響地區（1789年7～8月）
1793年以前法國佔領地區
反革命勢力蜂起地區
反法聯軍的進擊

戰事頻仍迫使人民反抗王政

美國獨立戰爭結束六年以後**法國大革命**（1789～1799年）爆發，起因於國家財政困難、人民對國政不滿。法國除支援美國獨立運動以外，對奧地利、對英國發動戰爭的軍費支出也進一步加重了財政負擔。人民的不滿，指向了極盡奢華能事的法國王室。例如王妃瑪麗．安托瓦內特便曾經頂著一頭鑲嵌寶石的軍艦髮型出席晚餐宴會，據說光是那個髮型一晚就要花費2億日圓，有幸親眼目睹者想必都驚呆了。這次革命，終結了法國**史稱**

EPISODE

Tricolore

Tricolore乃指由三種顏色組成的旗幟三色旗，尤以法國國旗最為有名。Tricolore當中的「tri」就是III，三這個數字有種均衡的美；建築領域有所謂的三連拱造型，而古代、中世甚至文藝復興時期繪畫常見的三美神，都是著眼於「三」這個數字。至於「colore」則是顏色的意思。法國國旗由左至右依序是藍白紅三色，都說這三個顏色分別象徵自由、平等和博愛，不過追本溯源，1789年7月法國大革命組建巴黎市民軍隊當時，便是選用代表巴黎市的**藍紅**兩色為標章，直到後來才取意於象徵波旁王朝的白百合而再添**白**色，而這個創意是來自於拉法耶特。換句話說，三色旗當中蘊含的其實就是革命與君主合作＝君主立憲制的精神。

PICK UP

米制公約

18世紀國際商業貿易愈發頻繁、促進全球化發展，同時各種問題也隨之而生，比如說各國對物品的度量衡單位各不相同就是個很大的問題。於是各國就要制定一種世界共通的單位來解決此問題，而打響第一槍的便是1790年的法國大革命議會。

該法案的提案者是資深外交家、素以國際政治領袖享有盛名的塔列朗。當時早已經展開計量單位的研究，以「子午線1/4距離的千萬分之一」為1米（公尺）。研究固然早有定見，把米制公約向世界推廣卻花費了很多時間。

全世界有三個國家直到現在仍未採用公尺制，美國便是其中之一，使用的是英吋和英呎長度單位。

絕對王政的國王強勢統治體制。

1791年法國成立**君主立憲制**。其後法國對德國等諸國爆發法國大革命戰爭，革命軍政府透過徵兵制等政策企圖提高國內士氣，卻逐漸落入恐怖統治的窠臼，把路易16世和瑪麗·安托瓦內特送上斷頭臺便是這時候的事情；至於革命戰爭則是遲遲沒有分出高下，後來才由拿破崙接手。

話說回頭，法國大革命是今日民族國家之起源，人們根據國民盡皆平等的理念結合組成一個國家。不光是人，**度量衡**亦即重量、長度的計測單位也歸於一統，其中尤以長度單位統一最受當時歐洲矚目。

現在**國際標準單位「米」（公尺）**便是法國大革命的產物。萬萬想不到發明斷頭臺這種極不人道處刑方法的法國大革命，卻也帶來了米制公約。

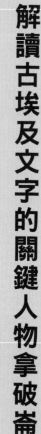

解讀古埃及文字的關鍵人物拿破崙

拿破崙的活躍和羅塞塔石碑

後來有一名軍人出來領導法國大革命戰爭、替法國贏得優勢，此人正是赫赫有名的拿破崙・波拿巴。拿破崙生涯經歷無數大小戰役，其中**遠征埃及**（1798～1799年・1801年）行動可以說是別有一趣。

當時拿破崙發兵占領埃及，要**妨礙英國有效統治印度**。英國是當時國際高唱「反對法國」的第一敵國，而拿破崙便是要切斷英國聯絡印度的航線、藉此打擊英國。當然英國也派出海軍對抗，由納爾遜上

EPISODE

羅塞塔石碑

歷史中「偶然間的發現」從來屢見不鮮，1799年發現的「羅塞塔石碑」正是其中之一。

拿破崙軍為截斷英軍前往印度的航路而發兵占領埃及，然後開始在尼羅河口的拉希德（羅塞塔村）建築要塞，結果竟然挖到一個長114.4cm、寬72.3cm、厚27.9cm、重760kg的石碑。石碑上面共有三種文字，由上而下依序是象形文字（神聖文字）、世俗體文字（民眾文字）、希臘文字。前面兩種是古埃及文字，為什麼第三種是希臘文字呢？原來當時埃及正值亞歷山大大帝橫空出世以後的希臘化王朝時代，所以才把當時的共通語言希臘文也一併記載於上。碑文記載著西元前196年讚頌君主托勒密5世的讚詞，以及祭神禮拜的方法等內容。

後來羅塞塔石碑就被埃及英法戰爭的勝利者英國當成戰利品帶回了母國。緊接著兩國又展開「解讀戰爭」繼續較勁，這次則是由法國的商博良勝出（解讀成功），時為1822年。

將擔任指揮官。兩軍在尼羅河河口西側爆發了阿布基爾灣海戰，這也是讓向來連戰連勝的拿破崙罕見地吃下敗仗的一場海戰。

戰後拿破崙開始在埃及的亞歷山卓附近建設要塞，竟然在施工時挖到了**羅塞塔石碑**。羅塞塔石碑埋在地底二千餘年，至此終於得以重見天日。石碑上面刻著三種文字，是後世一窺古埃及文明堂奧的重要線索。

拿破崙將碑文印刷成冊，不分敵我邀請各界研究者共同解讀羅塞塔石碑，最終是於1822年由法國的商博良解讀成功。

羅塞塔石碑後來被納爾遜上將麾下的英軍當成（發生在埃及的英法戰爭）戰利品運回**大英博物館**公開展示，至今仍然躺在玻璃櫃裡默默望著入場的參觀者。

鴉片戰爭【西元1840～1842年】

明治維新精神的原點

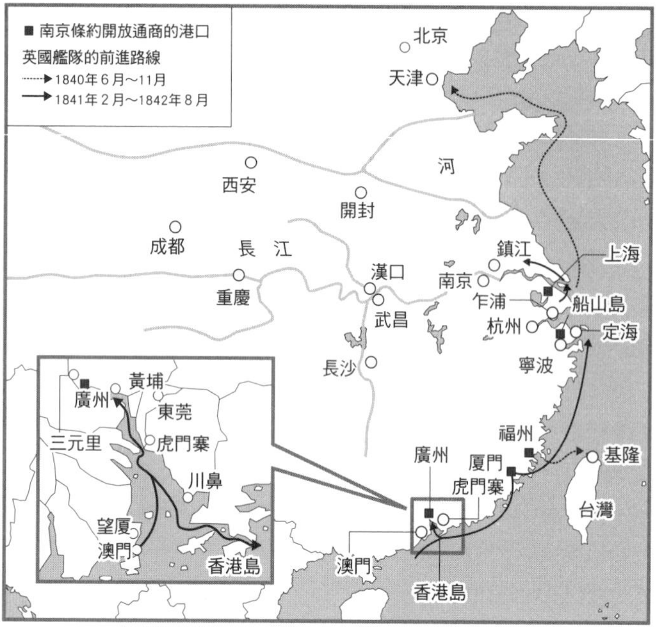
■ 南京條約開放通商的港口
英國艦隊的前進路線
1840年6月～11月
1841年2月～1842年8月
北京
天津
河
西安
開封
成都
長 江
重慶
漢口
武昌
長沙
鎮江
南京
上海
乍浦
船山島
杭州
定海
寧波
福州
基隆
廈門
廣州
虎門寨
台灣
澳門
香港島
黃埔
東莞
三元里
虎門寨
川鼻
望厦
澳門
香港島

鴉片的貿易與舉報日本人眼中的戰敗國

拿破崙稱霸歐洲失敗以後，世界開始向自由貿易主義傾斜，領頭者就是有**「世界工廠」**之稱的英國。

自由貿易主義的高聲呼喚，同樣也傳到了遠在東亞的清朝（中國），可是清朝拒絕自由貿易，主要是因為清國以宗主國自居，向來只有他國來朝進貢、為清朝附庸的上下關係，從來不跟這層關係以外的其他國家來往。可是從實際層面來看，英國推動的鴉片自由貿易其實早已流於常態，只要對鴉片貿易徵收關稅便可以有款項進帳，所以清朝其

林則徐（1785～1850年）

19世紀初期，清朝的自由貿易基本上可以說是始於印度生產的鴉片買賣。以1828～1829年廣東省的廣州貿易為例，鴉片單品項的輸入額甚至高於一般商品全部加總的總額。鴉片根本就是是清朝輸入品清單中遙遙領先的第一名，早已經不能拿走私來遮掩說嘴。發現鴉片輸入量額如此巨大以後，清朝政府開始漸漸傾向承認鴉片貿易，因為只要對輸入貨物課以稅金便能對財政有所注挹。不光是朝廷，各地地方首長也支持承認鴉片貿易。就在眼看清朝就要開口承認鴉片的這個關頭，林則徐的反鴉片論被皇帝看到了。林則徐說如果承認鴉片，「數十年後，豈唯無可籌之餉，抑且無可用之兵。屆時再悔，國不可復」。林則徐這席話徹底翻轉了認可鴉片貿易的輿論風向，皇帝決意「取締鴉片」。

1839年，林則徐受皇帝委以全權前往貿易據點廣州，指揮對英國的鴉片戰爭（1840～1842年）。戰後皇帝投降，林則徐被貶。不過據說林則徐去到下一個官署赴任以後，仍不改為平民殫精竭慮的行事風格。

●中國的鴉片輸入量

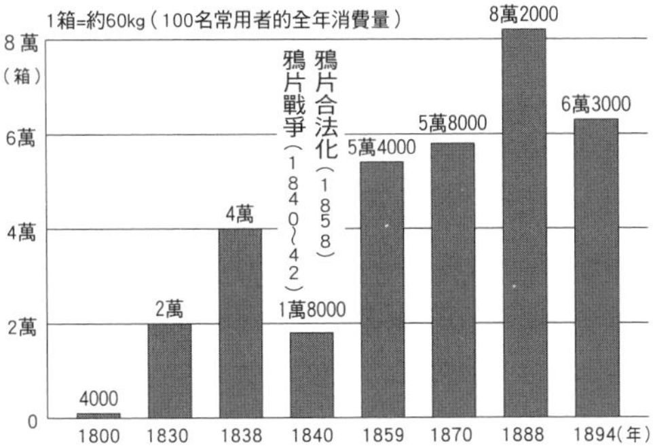
1箱=約60kg（100名常用者的全年消費量）
8萬
(箱)
6萬
4萬
2萬
0
4000
2萬
4萬
1萬8000
5萬4000
5萬8000
8萬2000
6萬3000
鴉片戰爭（1840～42）
鴉片合法化（1858）
1800
1830
1838
1840
1859
1870
1888
1894(年)

（摘自《世界的歷史19》中央公論社）

實是有意願要慢慢開放自由化的。誰知道**林則徐**的反對論調打動了清朝皇帝，在關鍵時刻又再次翻轉了鴉片貿易自由化的決策，使得清朝開始加強取締舉報鴉片，引發**實為自由貿易主義之爭的鴉片戰爭**。清朝戰敗後締結南京條約，約定**上海、廣州等五個港口開放貿易**。

這時有個日本人親眼目睹了清朝戰敗的下場，此人便是創設奇兵隊——即後來國民軍的雛型——的高杉晉作。1862年高杉參加德川將軍家派遣的上海使節團，將當時的見聞寫成《遊清五錄》，裡面記載到「支那人（中國人）盡為外國人使役」、「上海（形同）英法屬地」。其結論就是：**日本萬不可重蹈清朝覆轍**。原來鴉片戰爭對明治維新高度警戒列強殖民的維新精神有著如此大的影響。

克里米亞戰爭【西元1853～1856年】

反俄羅斯國際組織的形成與蘭學的發達

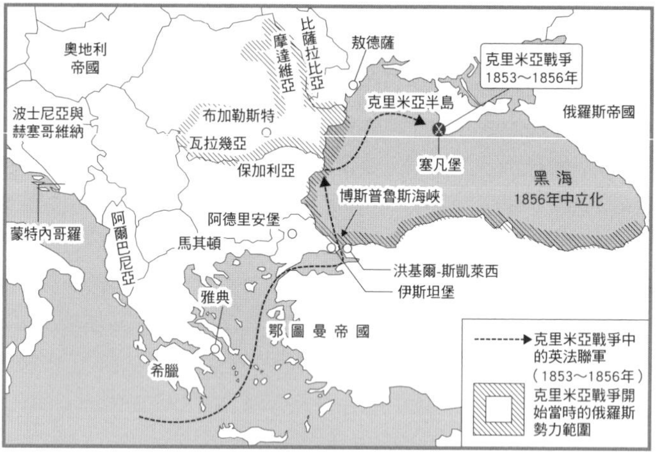

江戶時代末期當培里要求日本開國的同時，地中海周邊也有國際戰爭正在進行當中。

俄羅斯研究以及國防意識的萌芽

1853年美國東印度艦隊海軍將領培里帶來鴉片戰爭的消息，並且強烈要求日本開國。正當日本為黑船來航紛紛擾擾的同時，遠方地中海的東岸則是掀起了一場自拿破崙戰爭以來規模最大的國際戰爭，世稱**克里米亞戰爭**。

19世紀俄羅斯**推行南下政策以取得終年可以航行使用的不凍港**，如此俄羅斯就可以從黑海北岸的克里米亞半島航經鄂圖曼帝國領海、通往地中海，進而圖謀耶路撒冷。鄂圖曼帝國與俄羅斯兩國便是為此爆發了戰爭。

EPISODE

日本與蘭學

1774年，日本翻譯荷蘭語的人體解剖圖解書《Anatomische Tabellen》(解體新書)。學者杉田玄白(1733～1815年)將當時的甘苦談記載於《蘭學事始》(1815年)，此書直到明治維新的第二年才經由福澤諭吉為世所知。福澤諭吉當初得知早在明治維新許久以前便有人以近代觀點從事學問研究時大感驚訝甚至感動落淚，就連魯迅也是因為得知日本素有蘭學底蘊，方才決定從清朝渡海去日本留學。

蘭學於18世紀末發展形成俄羅斯研究，代表人物有前野良澤、桂川甫周等人。俄羅斯研究興起的背後，跟俄羅斯侵略伊朗、土耳其，屢屢窺探覬覦日本鄰近海域有很深的關係。當時素有奇才美譽的林子平著作國防論《海國兵談》以及談論極東情勢的《三國通覽圖說》，可惜所屬仙台藩腦筋死板不知變通，一度埋沒了其人的努力。從此以後，蘭學便對明治新政府的俄羅斯政策多有影響。

地中海是連接歐亞大陸的重要航道，幾個不樂見俄羅斯冒出頭的國家遂組成反俄羅斯聯盟(註)，共同出兵參戰。雙方在克里米亞半島的**塞凡堡港**發生激烈戰鬥，俄羅斯面對歐洲聯軍的近代戰力全無招架之力，所以才在戰敗以後將戰略焦點轉移到極東地區。對明治新政府來說，不斷膨脹南下擴張的俄羅斯一直都是高懸在心口的嚴重威脅。

俄羅斯研究從18世紀末開始在日本興起，前野良澤、杉田玄白等蘭學者乃是先驅，而**醫學者正是俄羅斯研究的拓荒者**。彼等研究成果最終集結形成了俄羅斯警戒論，不單單是幕末時期的德川幕府，就連明治新政府的國防政策亦深受其刺激影響。克里米亞戰爭雖然與日本並無直接關聯，卻是使日本開始意識到國防問題的重要契機。

註：反俄羅斯的國家：英國、法國、北義的薩丁尼亞。

國際紅十字會會旗為何是「紅十字」？

柏林
普魯士
荷蘭
薩克森
比利時
法蘭克福
布拉格
盧森堡
巴伐利亞
維也納
倫巴底
南提洛
奧地利-匈牙利王國
瑞士
法國
威尼斯
馬真塔
熱內亞
皮埃蒙特
托斯卡納
羅馬教宗國
亞德里亞海
薩丁尼亞王國
羅馬
拿坡里
薩丁尼亞
兩西西里王國
鄂圖曼帝國領地
法國屬地
【義大利統一運動】
1859年的薩丁尼亞領地
1860年 讓渡予法國
1859年 義大利統一戰爭所取得
1860年 中部義大利合併
1860年 加里波底交出領土
1866年 普羅士-奧地利戰爭所合併
1870年 羅馬教宗國合併
「未收回的義大利」（1919年合併）
加里波底的前進路線

小國義大利的統一戰爭

克里米亞戰爭方休未幾，1859年歐洲又再次燃起了義大利統一戰爭的戰火。

義大利自古以來便是小王國和都市共和國林立，缺乏統一政權。再加上北方緊鄰奧地利，使得義大利往往都要淪為周遭諸國的嘴邊肉。位於義大利西北的薩丁尼亞王國認為唯有統一方能自保，遂引進法軍支援、向奧地利宣戰。戰後薩丁尼亞王國獲得倫巴底地區，最終在1861年完成**義大利統一**。

EPISODE

義大利統一和義大利菜

全世界各國料理首推法國料理，而這些料理起初竟然是從北義的翡冷翠傳到法國去的。義大利料理有義大利麵、有麵疙瘩還有披薩，可是日本有些義大利餐廳卻會說「我們沒有做披薩！」，怎麼披薩不是義大利菜嗎？

披薩是在16世紀蕃茄傳到拿坡里以後才問世的食物。隨著披薩在拿坡里貧民之間愈受歡迎，終於成為了南義社會的重要飲食文化。1861年義大利統一，原先南北分隔多年的領土與文化只是在形式上合為一體而已。有趣的是，義大利雖然是在北義的主導下完成統一，統一後的第2代王妃卻嗜食披薩，使得披薩很快就傳遍了整個義大利。這位王妃名叫瑪格麗特，如今這個名字也成了披薩的代名詞。當然王妃本身極受民眾喜愛的個性形象應該也有很大關係，使得國民都希望能跟王妃有相同的心情和體驗。

瑪麗格麗和披薩，對統一的義大利來說，此二者乃是缺一不可的重要精神象徵。

從義大利統一戰爭展開救援活動

出於各國戰力已經經過近代化等因素，義大利統一戰爭的死傷極為慘重。當時有名瑞士人不湊巧遭遇到慘烈的索爾費里諾戰役，名叫**亨利・杜南**；他看見戰死者負傷者倒臥戰場無人聞問、大受打擊，遂投身於救援活動。

1862年杜南把自己的體驗寫成《索爾費里諾回憶錄》出版，大聲疾呼不分敵我救治傷患的重要性，從而促成了紅十字會的草創。至於杜南自身功績也受到極高評價，榮獲1901年第一屆的諾貝爾和平獎。

國際紅十字會的理念便是彰顯基督教的博愛精神，可是全世界還有那麼多不同的宗教文化圈。

據說紅十字會便是因為這個緣故，遂取杜南母國**瑞士國旗的紅底白十字翻轉成紅十字**，以此作為協會會旗。面對戰爭的反思，最終帶來了充滿人道關懷的國際救援活動。

南北戰爭
【西元1861～1865年】

一起來蓋大陸橫貫鐵路！

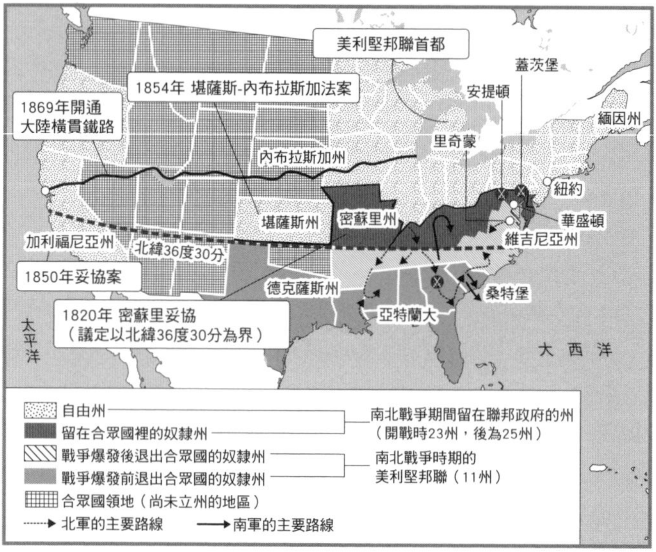
美利堅邦聯首都
1854年 堪薩斯-內布拉斯加法案
1869年開通
大陸橫貫鐵路
蓋茨堡
安提頓
緬因州
里奇蒙
內布拉斯加州
紐約
堪薩斯州
密蘇里州
華盛頓
維吉尼亞州
加利福尼亞州
北緯36度30分
1850年妥協案
德克薩斯州
桑特堡
亞特蘭大
1820年 密蘇里妥協
（議定以北緯36度30分為界）
太平洋
大西洋
自由州
留在合眾國裡的奴隸州
戰爭爆發後退出合眾國的奴隸州
戰爭爆發前退出合眾國的奴隸州
合眾國領地（尚未立州的地區）
南北戰爭期間留在聯邦政府的州
（開戰時23州，後為25州）
南北戰爭時期的
美利堅邦聯（11州）
北軍的主要路線
南軍的主要路線

奴隸制和戰爭利用興建鐵路達成美國統一

義大利統一的1861年，大西洋彼岸的美利堅合眾國爆發南北戰爭。

自獨立以來，美國社會就隱隱然形成南北兩方：南方栽種棉花、承認蓄養奴隸制度、崇尚自由貿易主義；相對地，北方則是工業化、承認締結勞動契約的自由、支持貿易保護主義，雙方緊張的對立關係與日俱增。

1850年代世人批評奴隸制的聲浪愈發高漲，而這波浪潮起源自1851年斯托夫人發表的雜誌連載小說**《湯姆叔叔的小屋》**。

其後1860年11月的大選當中，素以奴隸反對派為人所知的林肯當選總統，引起南部奴隸州紛紛脫離美利堅合眾國，宣布建立「美利堅邦聯」。

大陸橫貫鐵路的經濟效果

至此「兩個國家」（支持奴隸制的南軍和反對奴隸制的北軍）之戰——**南北戰爭**終於爆發。

●大陸橫貫鐵路

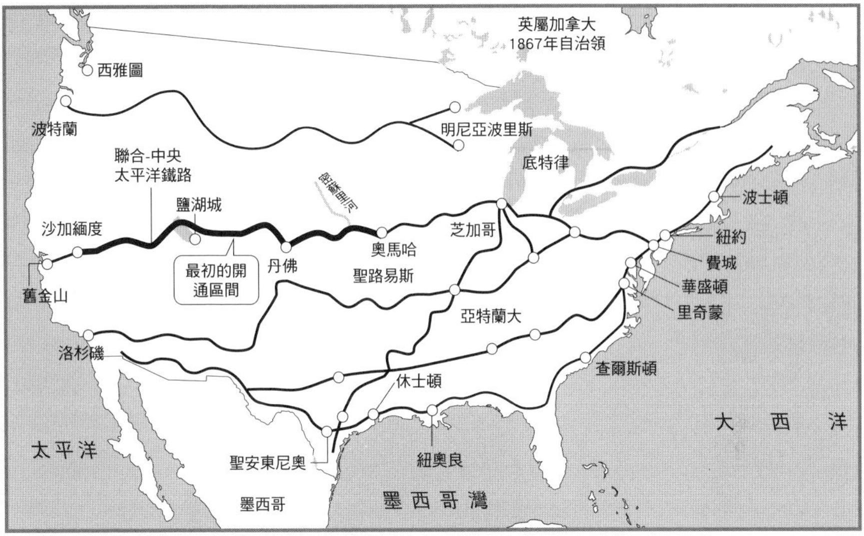

1869年5月開通。鐵路連結以淘金熱聞名的加利福尼亞州沙加緬度以及內布拉斯加州奧馬哈兩地，此後一直是往來太平洋大西洋之間的重要移動手段。美洲大陸橫貫鐵路改寫世界航路，大幅縮短了移動時間。日本的岩倉具視等人是在通車兩年後才首次搭乘。

●南北差異

	人口	動員兵力	國家體制	奴隸制度	支持政黨	產物
北部（東部）	1850 萬人	約 200 萬人	聯邦主義（中央集權主義）	反對擴大	共和黨	工業製品
南部	900 萬人	約 85 萬人	州權主義（反聯邦主義）	肯定	民主黨	棉花

1863年的蓋茨堡之役是決定南北雙方勝負的關鍵戰事。合眾國的北軍獲勝後，林肯總統便來到此地發表了名留青史的「**為民所有、為民所治、為民所享的政府**，絕不會從這片土地上消亡」演說。戰事最終在1865年由北軍戰勝告終，美利堅合眾國再次合而為一。

1869年，連接加利福尼亞州沙加緬度和內布拉斯加州奧馬哈的**大陸橫貫鐵路**開通。這條鐵路本是1862年林肯總統為使北軍在南北戰爭中取得優勢所提出的計畫，希望能把美國西部的糧食、肉牛生產地跟美國北部的工業地帶連接起來，藉以提高經濟效益。

廢除奴隸制、建設大陸橫貫鐵路甚至南北戰爭，其實都是環環相扣的。

【西元1894～1895年】 中華的消滅與朝鮮近代改革的失敗

清
朝鮮（大韓）
田莊台
海城
遼東半島
大連
旅順
黃海海戰
龍岡
平壤
元山
壬午兵變（1882年）
甲申政變（1884年）
江華島事件
（1875年）
仁川
漢城
威海衛
豐島
海戰
成歡
牙山
公州
安東
大邱
北洋艦隊全滅
古阜
全州
釜山
對馬
下關
濟州島
甲午戰爭的日軍前進路線
（1894～1895年）
甲午農民戰爭（東學黨起義）
第1次起義
農民軍進軍路線
第2次起義
農民軍主力
進軍・敗退路線
農民軍活動區域

日本與朝鮮的命運分歧點 民眾叛亂惡化形成戰爭

鴉片戰爭（1840～1842年）為東亞地區揭開了波濤洶湧的大時代，使得一直以來的「**華夏**（清朝）是世界**中心**」所謂「**中華**」世界觀從此崩壞。經過這次，亞洲各國都切膚體認到近代化改革之必要性。

清朝從1861年開始改革，內容卻僅止於模仿西洋兵器和軍事制度。真正從多方面徹底投入近代化改革的，唯有日本明治維新而已。相形之下，一直甘居清朝附庸屬國的朝鮮就是個非常鮮明的對比。朝鮮的改革派行動幾乎悉數遭到撲滅，仍舊是由所

●甲午戰爭以後列強在中國的勢力劃分

國家	租界	年代	期限	勢力範圍	取得鐵路鋪設權
俄	旅順・大連	1898 年	25 年	滿州・蒙古	東清鐵路 1896
德	膠州灣	1898 年	99 年	山東省	膠濟鐵路 1898
英	威海衛・北九龍	1898 年	22 年・99 年	長江流域	津浦鐵路 1899
法	廣州灣	1899 年	99 年	廣東・廣西・雲南	滇越鐵路 1898

由左而右依序為英法俄德日的人物諷刺畫。列強各懷鬼胎，都想在戰略要地圈定勢力範圍。此處要特別說明的是除日本以外的四個國家，這四國只是借款給清朝賠款便獲得租界為擔保，並非以武力實力奪得的戰果。至於日本被畫成頂著髮髻的模樣，則顯示該諷刺畫家歧視日本是野蠻未開化的國家。區區一枚插畫，卻是處處暗藏深意。

謂「服事大國（清朝）」的「事大派」把持政權。我們大可以說，**日本與朝鮮的命運分歧點正是在此**。

清朝長期以來一直壓抑著朝鮮的獨立運動和近代化運動，此事恰恰成了歐洲列強介入朝鮮的好藉口。19世紀末清朝又強化對朝鮮的統治，使得朝鮮已經形同清朝的保護國。

1894年，朝鮮全羅道發生**甲午農民戰爭（東學黨起義）**（註）。朝鮮向清朝和日本兩國借兵平定叛亂，豈料兩國在撤兵時突生變故，演變形成中日甲午戰爭。結果日本戰勝，朝鮮獨立，清國賠款兩億兩白銀。這條巨款可供當時的日本政府編列足足兩年份的國家預算，而且還頗為寬裕。

清朝向**英法德俄**四國借款來支付賠款，而四國列強則是分別向清朝索取租界為擔保，將勢力延伸進入清朝國內。經過甲午戰爭一役，中華的歷史從此畫下了句點。

註：甲午農民戰爭：官員為牟私利擅自向農民巧立稅目所引發的民變。農民的怒火一發不可收拾，形成一大民變叛亂。

column

淘金熱與苦力的加州夢

19世紀清朝自我改革失敗，並在**鴉片戰爭**（1840～1842年）敗戰後陷入混亂。屋漏偏逢連夜雨，國內又有反抗滿族統治的**太平天國之亂**（1851～1864年）發生，長江（揚子江）以南飽受戰火蹂躪，遲遲無法擺脫窮困沒落的窘境。

同一時間在太平洋彼岸的北美則有**美墨戰爭**（1846～1848年），美國從墨西哥手中取得了加利福尼亞州。誰也沒想到東亞和北美這兩個看似八竿子打不著的戰爭，後來竟然造就了一股中國移民潮旋風。

自從鴉片戰爭解除渡航海外的桎梏以後，中國移民海外去做契約勞工的人口便急遽增加。有的想要擺脫貧窮，有的將夢想託付於新天地，人人各有各的心思和故事。當時英國等國正值廢除奴隸制的當口，而美國也正在尋求勞動力來替代奴隸。就在這個時候，美國從墨西哥奪來的加利福尼亞州掀起了一股淘金熱潮，正需要大量人力來建立整備各項基礎建設。再加上南北戰爭（1861～1865年）爆發以後，又多了個美洲大陸橫貫鐵路要開始興建。

種種因素之下，造成大批中國人為尋求較高的薪資決定搭船前往舊金山。建設大陸橫貫鐵路當中極為嚴苛吃重的勞動工作、火藥爆破作業等危險工作往往都會被指派給中國人去做。這些中國人被稱為**苦力**，被當成提供勞動力的商品向海外「輸出」。苦力貿易事業盛極一時，甚至被評為「**新奴隸船**」。中國人往往只能拿身邊僅有的微薄積蓄，又或者是向雇主提前預支薪水湊到足夠的錢來買船票，才能搭上載滿苦力的船隻從廣州出發、航向舊金山。

現今美國西岸唐人街等亞洲移民聚落，背後便藏著前述19世紀的世界史故事。下定決心不成功便不回國的中國人喚作「**華僑**」，但事實上「華僑」其實是以總有一天要衣錦還鄉為前提之用語。

第 5 章

戰爭的世界與兩次世界大戰

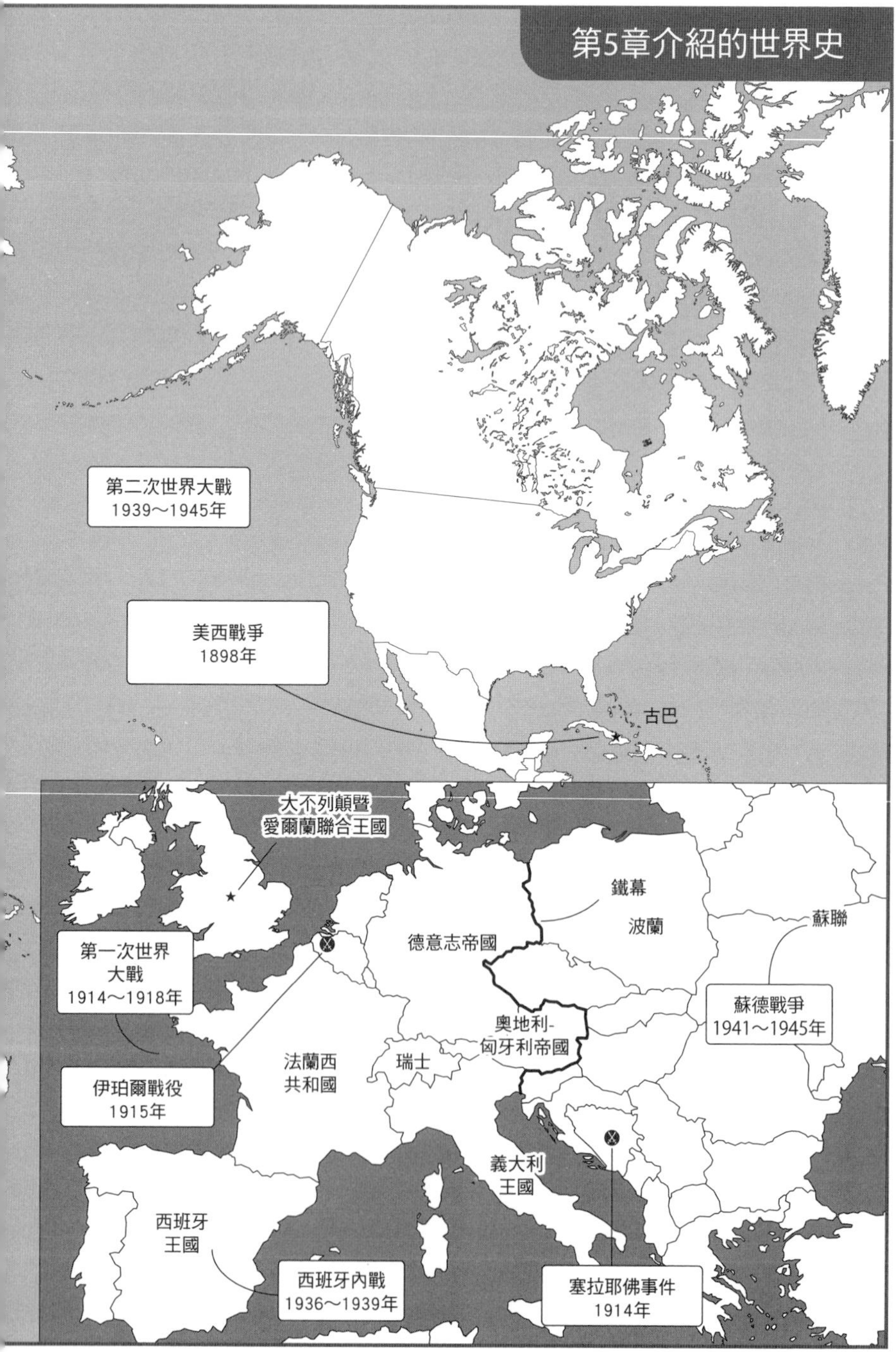
第二次世界大戰
1939～1945年
美西戰爭
1898年
古巴
大不列顛暨
愛爾蘭聯合王國
第一次世界
大戰
1914～1918年
伊珀爾戰役
1915年
鐵幕
波蘭
蘇聯
德意志帝國
蘇德戰爭
1941～1945年
奧地利-
匈牙利帝國
法蘭西
共和國
瑞士
義大利
王國
西班牙
王國
西班牙內戰
1936～1939年
塞拉耶佛事件
1914年

蘇日戰爭
1945年
蘇聯
義和團之亂
1900年
北京
日俄戰爭
1904～1905年
南非戰爭
（波耳戰爭）
1899～1902年
布隆泉
南非

美西戰爭【西元1898年】

暴走的普立茲與美國的帝國化

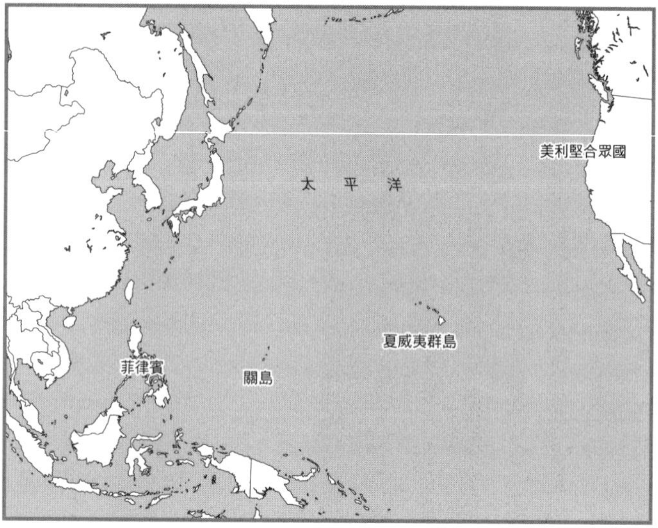

每當有戰爭發生，社會大眾就會重新檢視「報導是為何物」。

新聞業與戰爭

1898年美國進軍自家「後院」加勒比海，導火線是**西屬古巴的獨立革命**。西班牙透過各種管道手段要把革命運動鎮壓下來，美國這廂則是派出軍艦緬因號前去保護滯留在古巴的國人，豈料停泊在哈瓦那港內的緬因號竟然遭到擊沉。美國政府譴責西班牙，西班牙卻聲稱此事與自家無關。

不光如此，約瑟夫．普立茲的報社《紐約世界報》還接著火上加油。該報向來就擅長利用醜聞報導、煽情版面吸引讀者好奇興趣，並因此成為美國的第一大報。其他報社為對抗《紐約世界報》也開始鼓吹煽動戰爭。如此這般，新聞業竟然**成了美西戰爭的觸發按鍵**。

結果緬因號遭擊沉的真相不了了之，戰事經過短期決戰由美國獲得勝利，西班牙割讓加勒比海的波多黎各、太平洋的菲律賓給美國作為美國屬地，而古巴也成為美國的保護國。

這場因為新聞業煽動而爆發的戰爭，促使人們開始反省何謂報導、何謂新聞。後來普立茲不但捐贈基金給哥倫比亞大學開設新聞學院，又創設了獎勵優秀新聞報導、文學和音樂作品的**普立茲獎**。媒體跟戰爭關係之密切，由此可見一斑。

EPISODE

甘蔗煙草滋養下的西班牙殖民地古巴

古巴是加勒比海的島國，如今已是極少數僅存的社會主義國家。自從16世紀初哥倫布打開西印度航線以後，古巴就被西班牙征服納作屬地（1511～1898年）。隨著天主教和西班牙語落地生根，古巴從此便劃入了拉丁文化圈。

西班牙運用加勒比海得天獨厚的自然環境與氣候條件，開始大規模栽種熱帶作物，也就是**經營農園**。這些農園都是白人地主的產業，大量種植甘蔗、煙草向歐洲輸出，而農作的勞動力使用的則是來自西非的黑奴，造成大西洋兩岸的「西歐－西非－加勒比海」三角貿易興盛一時。

跟其他殖民地不同的是，古巴有各國各路人馬出入，所以不光光是經濟活動，古巴自然而然也成為了接收世界最新資訊、交換情報的場所。

當獨立運動的野火在19世紀燒到拉丁美洲時，幾乎所有殖民地都陸續宣布建國獨立，而寄望於自由貿易的白人地主便是支持獨立運動的核心力量。可是古巴的白人地主卻看見他國獨立後的政治亂象，認為獨立運動應該先緩緩才好。考慮到甘蔗和煙草帶來的獲利，「維持原狀留在本國西班牙治下不也挺好的嗎？」的狀況隨之而生。獨立運動一片風起雲湧當中，為何唯獨古巴沒有獨立？想必理由便是在此。

南非戰爭

【波耳戰爭・西元1899～1902年】

黃金鑽石我全都要！

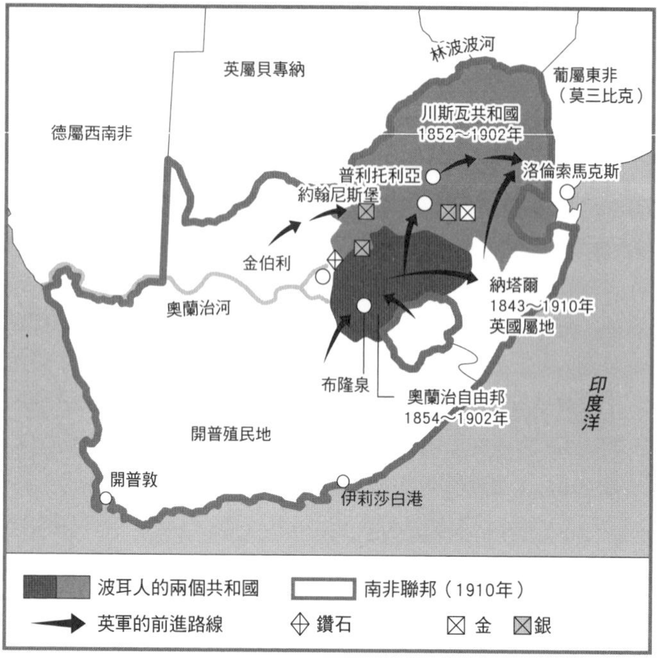

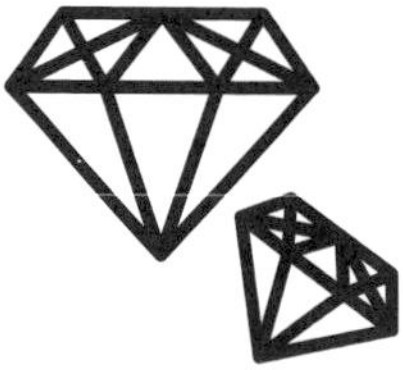

鑽石、黃金引發戰禍，而英國的勝利又帶來了南非種族隔離的結果。

南非的戰爭和種族隔離

美國在加勒比海開始帝國化（設置殖民地）的同時，國際政治場上也有著許多令人目不暇給的變化，其一便是**南非戰爭**。南非（註）是由好幾條歷史脈絡交織組成，例如17世紀就有荷蘭人來此殖民，拓展形成另稱**「波耳人」的荷裔白人群體**。

19世紀局勢橫生變化，原來波耳人建立的奧蘭治自由邦和川斯瓦共和國兩國境內發現了鑽石和黃金的礦脈。自從得到這個消息以後，英國人就一直圖謀併吞川斯瓦，最後終於演變成南非戰爭。

註：南非：15世紀末當時認為非洲南端是「東印度」的起點，歐洲各國都是以南非為中繼點、爭相前赴印度和中國。

塞西爾·羅茲

（1853～1902年）

「如果辦得到的話，夜空中的星星我也要併吞。」——這句肆無忌憚的發言，出自塞西爾·羅茲（Cecil Rhodes）之口。

「把世界地圖——劃作英國屬地，乃是神的旨意。」話可以說得這麼過分嗎？羅茲豪語厥辭的背後，便是深不見底的欲望。

1880年羅茲在南非挖到鑽石礦脈，他拿這個鑽石礦做本錢成立礦山挖掘公司，然後獨占當地的鑽石礦山以及黃金產業。羅茲被任命為開普殖民地的總理以後，又於1894年在非洲南部取得了相當於四個英國大小的土地，命名為「羅茲的土地」（羅德西亞Rhodesia）。

羅茲還建立從埃及開羅連接到開普敦的鐵路和電信系統，一步一步實現統治整個非洲大陸的野心。後來羅茲卻因為對波耳人執政的川斯瓦共和國發動侵略（1895～1896年）失敗而失勢，粉碎了「非洲拿破崙」羅茲的熾熾野心。

沒想到英國遭遇到的抵抗竟然出乎意料地頑強。原來川斯瓦**透過德國取得了新式武器**，加以戰爭期間1900年北京發生**義和團之亂**，迫使英國必須分兵去清朝保護自身權益（勢力範圍、租借地等）。話雖如此，南非戰爭正是如火如荼、狀況嚴峻，此時正是英國必須咬緊牙關硬撐過去的緊要關頭。

南非戰爭直到1902年方才落幕。戰勝以後英國為確保穩定統治，遂將同為白人的本國國民和波耳人拉成「自己人」，地位高於當地的黑人，而這個政治妥協也造就了後來南非的**種族隔離政策**。

日俄戰爭【西元1904～1905年】

日本要做亞洲的領頭羊

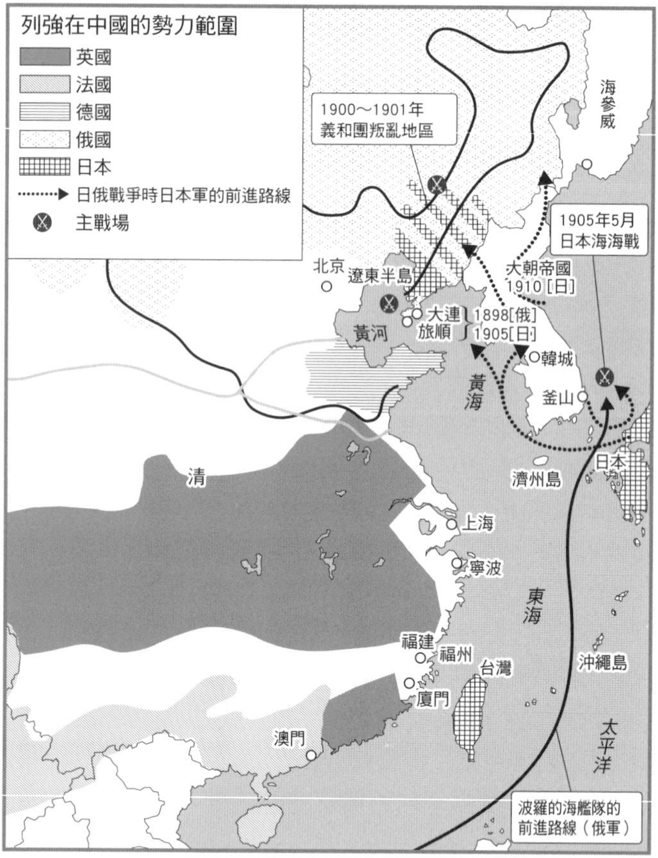
列強在中國的勢力範圍
英國
法國
德國
俄國
日本
日俄戰爭時日本軍的前進路線
主戰場
1900～1901年
義和團叛亂地區
海參威
1905年5月
日本海海戰
大朝帝國
1910［日］
北京
遼東半島
大連
旅順
1898［俄］
1905［日］
黃河
韓城
黃海
釜山
日本
濟州島
清
上海
寧波
東海
福建
福州
台灣
沖繩島
廈門
澳門
太平洋
波羅的海艦隊的
前進路線（俄軍）

以亞洲獨立發展為終極目標的日本戰爭

南非戰爭爆發隔年1900年，東亞局勢實然毫無預警地升溫、氣氛極為緊張。清朝首都北京發生由宗教結社引起的民眾叛亂（**義和團之亂**），人民對列強瓜分清朝土地的積怨終於爆發。列強瓜分土地，其實是列強借款給清朝支付甲午戰爭賠款的對價，換句話說也就是借款的擔保品。列強為保護自家擔保品，遂組成八國聯軍鎮壓叛亂。

可是俄軍卻開赴滿州久踞不動，引起日本、英國不滿抗議，兩國還在1900年結成英日同盟。如此的

EPISODE

喇叭標誌正露丸

造就百年歷史傳統的日本國民必備良藥——正露丸。這是種以具有抑菌效果之木餾油為原料製作的藥丸，喇叭則是通知士兵放飯的道具，由此可見正露丸與戰爭關係之密切。

甲午戰爭（1894～1895年）期間有許多士兵罹患傳染病，讓日本軍方開始研究製造木餾藥丸，作為清洗腸胃的用藥。其後日俄戰爭（1904～1905年）爆發前夕日本國內竟有「懼俄」一語流傳，於是木餾藥丸為安定人心、一掃懼俄心理，方才特地取意征伐俄羅斯（露西亞）命名為「征露丸」，以此受社會大眾廣為周知。

至於征露丸再次改名為「正露丸」，卻是第二次世界大戰以後的事情了。

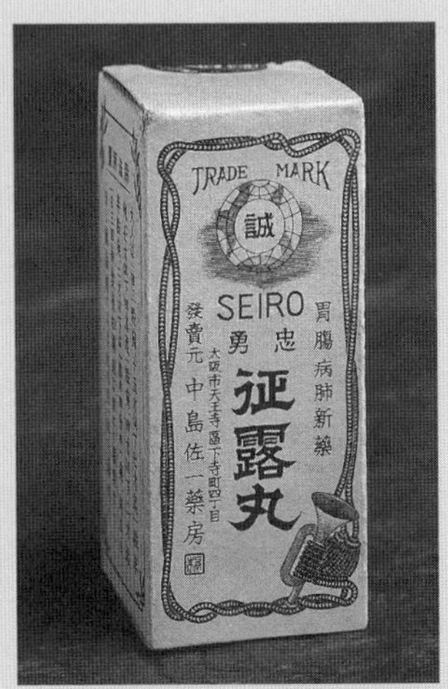

大幸藥品正露丸的前身
——忠勇征露丸

照片提供：大幸藥品株式會社

背景脈絡之下，最終演變形成**日俄戰爭**。

遲遲猶豫不前沒有推行近代化改革的大韓帝國（韓國・1897～1910年）同樣也是俄國南下政策看中的肥肉，俄國盤算要從滿州發兵奪取遼東和朝鮮兩個半島。1917年俄國革命爆發當下，日俄戰爭亦同時告終，日本根據樸茨茅斯條約取得了南滿鐵路（旅順～長春）經營權和對韓國的優先權。世界各國民族運動家紛紛將日本的勝利稱作是「**亞洲對歐洲的勝利**」。一時之間中國、越南、伊朗甚至鄂圖曼帝國都掀起一股效法日本、改制為立憲國家的運動（註），都是深受日本戰勝的刺激使然。從世界史的角度來看，日本逐漸確立身為**亞洲獨立發展指標**的「領頭羊」角色，也是日俄戰爭造成的一大影響。

註：孫文在東京成立中國同盟會要推翻清朝，越南則是有志之士前往日本留學的東遊運動。

女性進入社會做出貢獻

【西元1914～1918年】

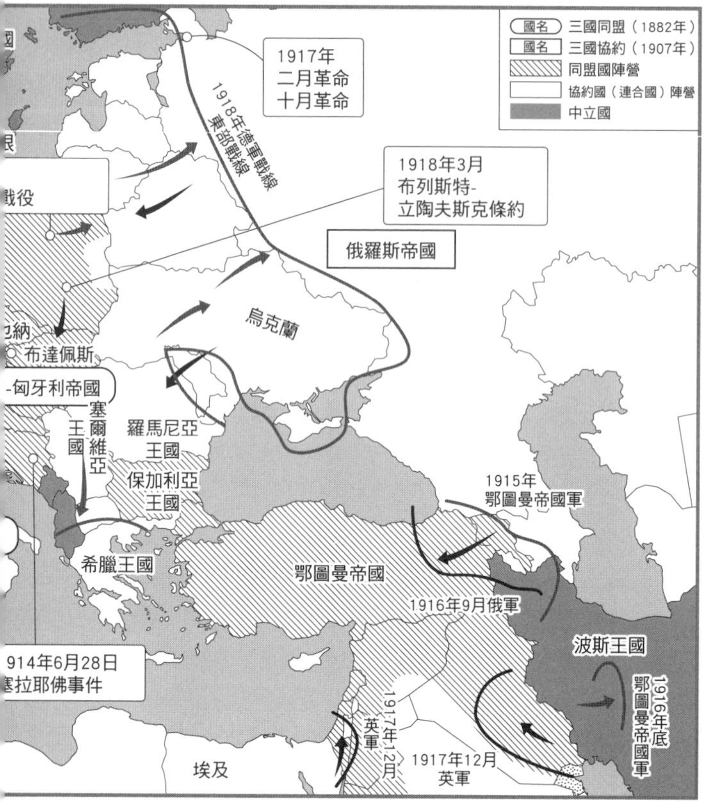
國名 三國同盟（1882年）
國名 三國協約（1907年）
同盟國陣營
協約國（連合國）陣營
中立國
1917年
二月革命
十月革命
1918年德軍戰線
東部戰線
1918年3月
布列斯特-
立陶夫斯克條約
俄羅斯帝國
烏克蘭
戰役
布達佩斯
-匈牙利帝國
塞爾維亞王國
羅馬尼亞王國
保加利亞王國
希臘王國
鄂圖曼帝國
1915年
鄂圖曼帝國軍
1916年9月俄軍
波斯王國
1916年底
鄂圖曼帝國軍
1917年12月
英軍
1917年12月
英軍
埃及
914年6月28日
塞拉耶佛事件

戰爭促使女性開始參與社會活動

日俄戰爭結束以後，列強之間縱橫捭闔的形勢重新洗牌：英國和俄國從敵對變成盟國，而且很快地兩國就要開始聯手共同對抗德國。

英國將介於印度加爾各答（Calcutta）、埃及開羅（Cairo）和南非開普敦（Cape Town）的這片遼闊的區域劃歸己有（**3C計畫**）；相對地，德國則是從首都柏林（Berlin）經過拜占庭（Byzantium，今伊斯坦堡）、巴格達（Baghdad）朝波斯灣前進（**3B計畫**）。這條路線乃是德國帝國主義的命脈，而德國便是計畫

挪威王國
大不列顛暨愛爾蘭聯合王國
1918年11月
德國革命
荷蘭
1918年11月
協約國與德國
簽訂停戰協定
法蘭西共和國
葡萄牙共和國
西班牙王國
摩洛哥
阿爾及利亞

要從這裡航向世界。可是德國的擴張勢必會突出於英國3C計畫劃定區域，使得英國大感威脅，從而開始向俄國靠攏。1907年英法俄達成**三國協約**，另外這頭德國則是自1882年起便與奧地利、義大利有所謂的**三國同盟**（後來義大利倒戈參加三國協約）。雙方陣營的對立態勢就在1914年塞拉耶佛（奧地利皇太子遭暗殺）事件爆發後，發展演變成為第一次世界大戰。

這是史上第一次全面動員的戰爭，各國青壯男丁都被送上了戰場，所以工廠起用女工早已不在話下，其他像武器彈藥的製造、各種交通載具的駕駛員、維持治安的警察等，甚至就連如今已成常識的美容師都是由女性出任。

女性對社會的貢獻是有目共睹，同時歐洲開始興起一股「讓女性也有政治話語權」的**女性解放運動**。1918年英國率先發難，緊接著1919年德國、1920年美國，各國紛紛開始承認女性的參政權。這也就是說，全面動員戰爭最終為我們帶來了女性社會地位的重大提升。

EPISODE

尤海姆

日本最早的年輪蛋糕出自德國糕點師卡爾・尤海姆之手。1909年他在中國青島開設咖啡廳，卻在第一次世界大戰期間成為戰俘、被虜往日本。1919年廣島縣物產陳列館（現在的原爆圓頂館）舉辦德國戰俘的產銷展示會當時，尤海姆一推出年輪蛋糕便大受歡迎，還在橫濱開了家店。不料1923年發生關東大地震，他的店面和財產全都付之一炬，最後才轉往神戶重開「尤海姆」咖啡廳，以至今日。原來對日本人來說，年輪蛋糕竟然同樣也是戰爭下的產物。

伊珀爾戰役

【西元1915年】

史上第一次毒氣戰

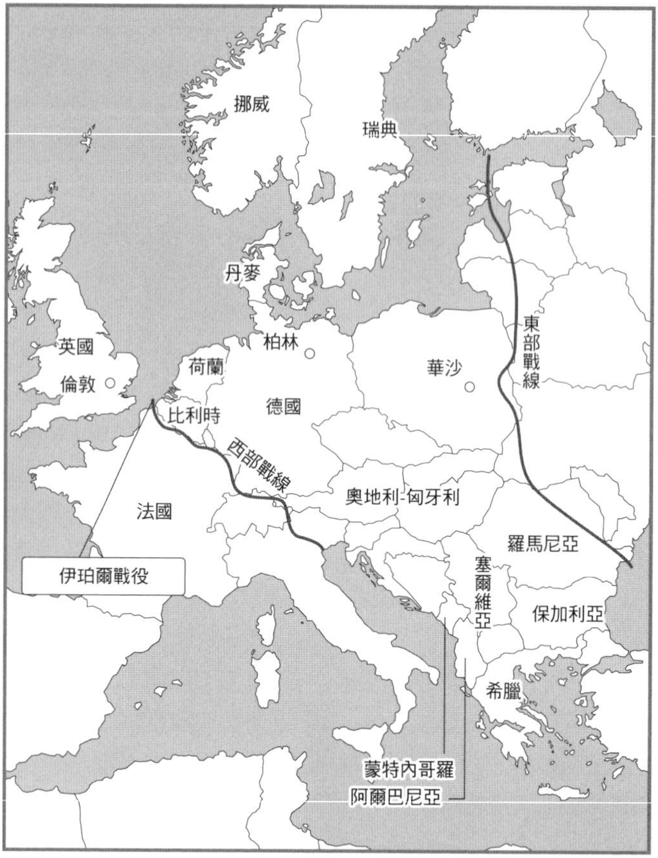
挪威
瑞典
丹麥
英國
倫敦
荷蘭
柏林
華沙
東部戰線
比利時
德國
西部戰線
法國
奧地利-匈牙利
羅馬尼亞
伊珀爾戰役
塞爾維亞
保加利亞
希臘
蒙特內哥羅
阿爾巴尼亞

新的敵人 惡魔兵器的誕生

第一次世界大戰爆發隔年，德軍和英法陣營盟軍在**比利時西部的伊珀爾**發生激烈戰鬥。這次的戰爭，讓世人見識到了惡魔的存在。

4月22日傍晚，一股高約1公尺的白煙從德軍陣營乘著順風在地面匍匐、鑽進壕溝，不久士兵眼睛充血、嘔吐不止還口吐白沫……這股白煙便是**大規模殺傷性化學兵器（毒氣瓦斯）**。一眨眼就造成5千人喪命、1萬5千人中毒，宛如惡魔的洗禮。

●第一次世界大戰的兵器

金屬履帶戰車誕生，供士兵乘坐接近戰壕。

遠距離打擊敵人的武器

第一次世界大戰的時候，士兵多採躲在壕溝裡隨時伺機攻擊的作戰方式，很難有效打擊敵兵，促使各國開始研究**壕溝戰應該投入什麼樣的兵器方有成效**。

英國發明了可以穿過壕溝直搗敵陣的戰鬥車輛。他們在車輛上面裝設履帶，這正是世人所熟知的**戰車（坦克車）**的由來。

1903年萊特兄弟發明飛機，而當時飛機的滯空時間只有短短的59秒而已。十年後大戰爆發，戰鬥機已經進步到可以操縱駕駛在空中任意飛行，自然也就可以從壕溝上空發動攻擊。說得誇張點，戰車、飛機和毒氣瓦斯都是因為第一次世界大戰當中壕溝陣地戰的需要才應運而生。

創造出毒氣瓦斯這個惡魔的人，便是曾經榮獲諾貝爾獎的佛列茲·哈伯。據說他的妻子千叮萬囑叫他不要研究開發毒氣瓦斯，哈伯卻說：「科學平時屬於全世界，戰時卻屬於國家。」不久妻子就自盡了。

戰鬥機首見於第一次世界大戰。雙層機翼為其最大特徵。

引爆世界大戰的一顆子彈——塞拉耶佛事件——

世界大戰之伊始

1914年6月28日，巴爾幹半島塞拉耶佛（今波士尼亞與赫塞哥維納的首都）傳出一聲槍響。那是個缺乏迫力的乾響，卻已經足以奪走奧地利-匈牙利帝國皇太子的性命。就是這麼區區一顆子彈，便招來了人類史上第一次的全面動員戰。

恐怖攻擊的犯人是名19歲的塞爾維亞人，犯案動機據說是不滿奧地利在巴爾幹半島擴張勢力。

另一方面，塞爾維亞早欲染指巴爾幹半島西北部山脈喀爾巴阡山脈南邊原本屬於斯拉夫民族的土地。這個痴心妄想讓塞爾維亞跟一直虎視眈眈注意巴爾幹半島的俄國愈走愈近，巴爾幹半島問題使得奧地利跟塞爾維亞、俄國兩國關係不斷惡

塞拉耶佛事件當中使用的敞篷車。

車體上的彈孔讓人感覺暗殺事件彷彿歷歷在目。

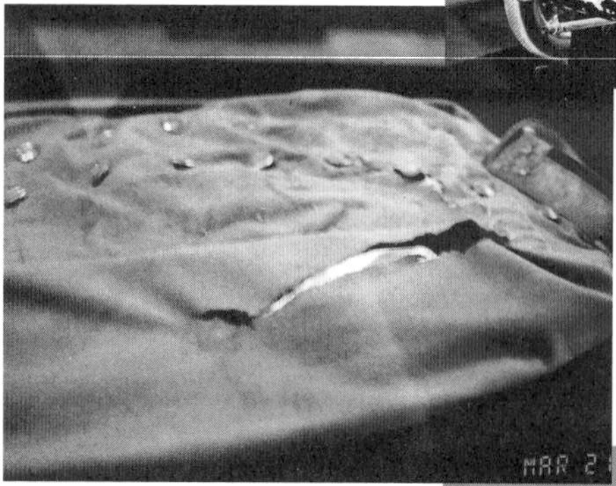

奧地利皇太子遇襲時穿的禮服，上面還留有槍擊的痕跡。

用來刺殺奧地利皇太子的槍支，僅僅一發子彈就引起了第一次世界大戰。

描繪暗殺事件的報紙插畫。

化，塞拉耶佛事件就是在這樣的狀況下發生的。

一個月後7月28日，奧地利和塞爾維亞終於翻臉。先是俄國出兵援助塞爾維亞，另一方面原本就跟奧地利有同盟關係的德國也宣布參戰，然後俄國三國協約的盟友英法兩國宣布參戰，甚至英國遠在亞洲的盟國日本也宣布參戰，再接下來則是跟俄國敵對的鄂圖曼帝國與葡萄牙加入德國陣營參戰。開戰當初，世界主要國家僅有美國和義大利兩國沒有參戰而已。

參戰諸國無不是動員男女老少、甚至於殖民地的所有人力投入戰爭。這便是所謂的全面動員戰。誰能想到塞拉耶佛的一聲槍響，竟然造成規模如此龐大的世界大戰。

促使畢卡索創作巴黎世界博覽會參展作品「格爾尼卡」的戰爭

國際義勇軍（國際縱隊）的支援
德・義的支援
畢爾包
1937.6
格爾尼卡
維戈
布哥斯
薩拉戈薩
薩拉曼卡
巴塞隆納
葡萄牙支援弗朗哥
馬德里
1937.6
來自敖得薩
里斯本
葡萄牙
1939.3 弗朗哥派的國民軍獲得壓倒性勝利
瓦倫西亞
1937.6
西班牙
卡塔赫納
塞維亞
加的斯
來自漢堡
來自熱內亞
得土安
西屬摩洛哥
1936.7 弗朗哥軍隊發動叛變
弗朗哥軍隊的勢力範圍
1936年7月
1939年3月
人民陣線政府據點
叛軍據點

無數市民犧牲澆灌下誕生的名畫

第一次世界大戰結束以後，世界各國均致力於恢復國際和平局面，豈料1929年發生經濟大恐慌、德國納粹政權誕生，第二次世界大戰的腳步已經愈來愈近，不久**納粹便高舉反共主義的大旗對抗蘇聯**（註1）。

與納粹類似的政治活動在1930年代的歐洲可謂是遍地開花，而西班牙大選選出了共產黨執政的人民陣線政府，這便是西班牙國民畏懼提防有類似納粹的政治勢力抬頭的結果。共產黨在西班牙政

註1：納粹和蘇聯：德蘇兩國因為蘇聯欲在全球建立共產黨獨裁國家而陷入敵對，不過若論壓抑民主、自由的極權主義國家本質，納粹蘇聯其實並沒有兩樣。

●西班牙內戰的發展

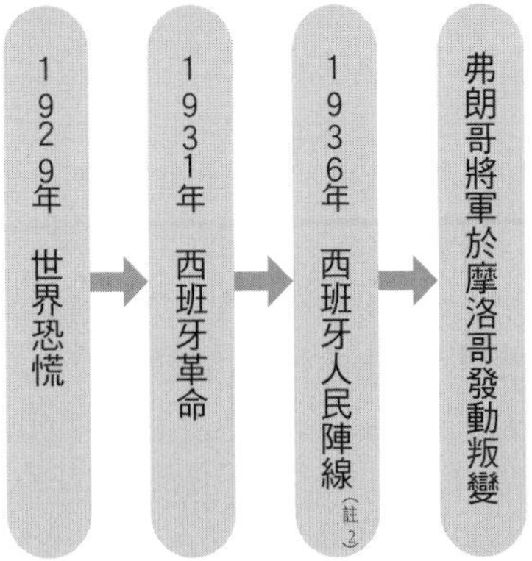
1929年 世界恐慌
1931年 西班牙革命
1936年 西班牙人民陣線（註2）
弗朗哥將軍於摩洛哥發動叛變

註2：1935年第三國際提出的反極權主義陣線聯盟。

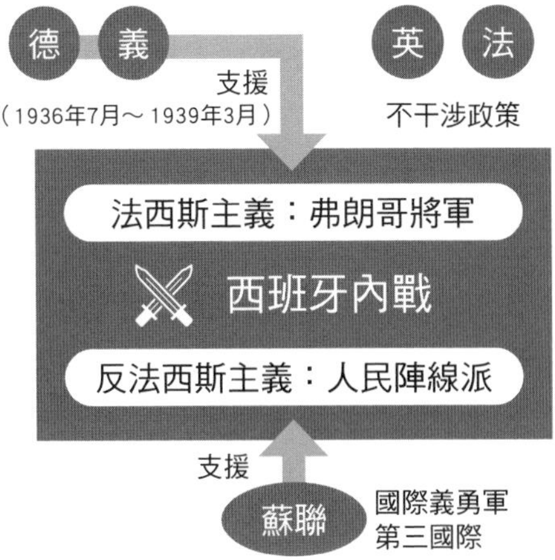
德
義
支援
（1936年7月～1939年3月）
英
法
不干涉政策
法西斯主義：弗朗哥將軍
西班牙內戰
反法西斯主義：人民陣線派
支援
蘇聯
國際義勇軍
第三國際

PICK UP

「格爾尼卡」是畢卡索的代表作之一。畫裡看到抱著孩子屍體哭喊的母親、炸得面目全非的馬匹……盡是戰爭的殘酷悲慘。「格爾尼卡」自從1937年在巴黎世界博覽會發表以後又展開世界巡迴展出，起初評價卻是普普，真正受到注意卻已經是第二次世界大戰過後，而「格爾尼卡」也直到這時才成為反戰的象徵、得到全球矚目與讚賞。

府的影響力大增，使得**地主、銀行和天主教勢力大感惴惴不安**。

就在西班牙國內陷入一片沉重低氣壓之際，1936年夏天軍人弗朗哥發動叛變，使得**西班牙從此進入內戰**。

隔年德國為支援弗朗哥而對西班牙北部都市格爾尼卡展開轟炸，造成該市嚴重死傷。當時報紙曾經刊登一名市民額頭流血的照片，據說當時有一人看到照片義憤填膺，此人便是**巴勃羅・畢卡索**。畢卡索為使格爾尼卡的悲劇為世人所知，藉著巴黎世界博覽會委託創作的參展作品一抒己忿。這便是畢卡索名畫**「格爾尼卡」**的誕生始末。

至於這場堪稱**第二次世界大戰**前哨戰的西班牙內戰，則是在政府遭叛軍推翻以後落幕。

電腦時代的來臨

第二次世界大戰【西元1939～1945年】

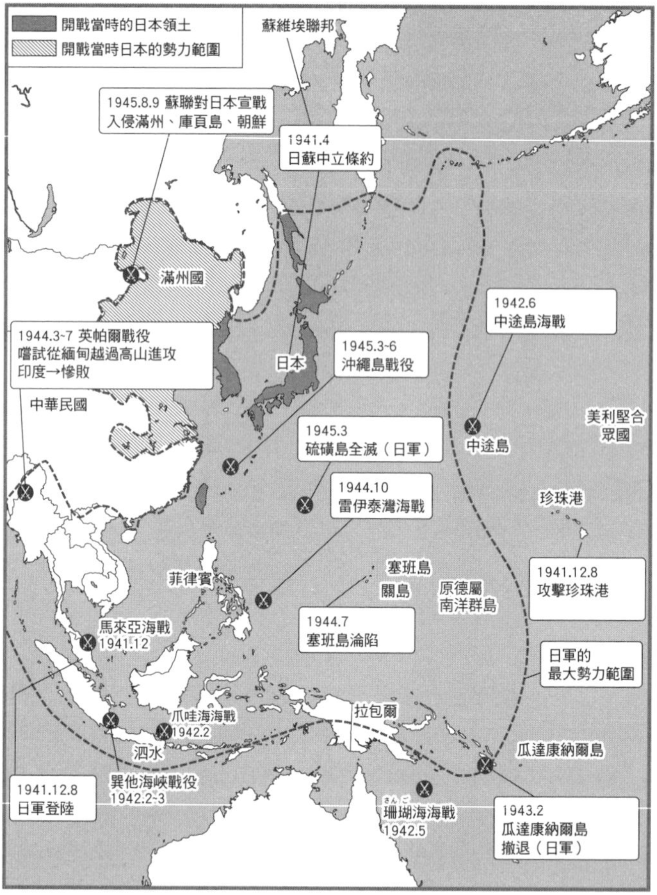
開戰當時的日本領土
開戰當時日本的勢力範圍
蘇維埃聯邦
1945.8.9 蘇聯對日本宣戰
入侵滿州、庫頁島、朝鮮
1941.4
日蘇中立條約
滿州國
1944.3~7 英帕爾戰役
嘗試從緬甸越過高山進攻
印度→慘敗
中華民國
日本
1945.3~6
沖繩島戰役
1945.3
硫磺島全滅（日軍）
1944.10
雷伊泰灣海戰
1942.6
中途島海戰
中途島
美利堅合
眾國
珍珠港
1941.12.8
攻擊珍珠港
菲律賓
塞班島
關島
原德屬
南洋群島
1944.7
塞班島淪陷
馬來亞海戰
1941.12
日軍的
最大勢力範圍
爪哇海海戰
1942.2
泗水
拉包爾
瓜達康納爾島
巽他海峽戰役
1942.2-3
1941.12.8
日軍登陸
珊瑚海海戰
1942.5
1943.2
瓜達康納爾島
撤退（日軍）

運用電腦的新形態戰爭

就在西班牙內戰結束的1939年，蘇聯向希特勒提出瓜分波蘭。兩國從9月展開行動，先是德國入侵波蘭然後蘇聯接著跟進，揭開了**第二次世界大戰**的序幕。

1941年12月，日本遭到美英中荷四國的**ABCD包圍網**封鎖、無法取得石油等重要資源，憤而向英美宣戰，戰鬥區域甚至還擴大到太平洋。1942年1月，英美中蘇等26個國家組成同盟國，日本則是加入德國與義大利的軸心國陣營，第二次世界大戰也從此變成了同盟國

EPISODE

新潟市淪為鬼城那一日

1945年8月13日，新潟市全體18萬市民突然憑空消失。這個日本海沿岸最大都市，轉眼間竟然連一個人影都看不見，而新潟在這一天可謂是成了名符其實的鬼城。這可是真實的事件。該月10日發布的「縣知事布告」命令新潟市民強制撤離，原因如下：經過縣府「深思熟慮」的結果，廣島已經遭到原子彈攻擊，而新潟**「極大機率」**是原子彈攻擊的下一個目標。此即所謂「原爆疏散」。

一切起自縣府職員在東京聽到的一則流言，說是「新型炸彈」（原子彈）只會針對未遭空襲的都市。這則流言在職員聽來很是合理：8月1日同縣的長岡市遭到毀滅性的轟炸打擊，可是新潟市明明是大都市卻一直未遭空襲。縣府幹部根據這名職員寫的報告書，決定下令緊急疏散。說是美軍早已將新潟市設定為原子彈攻擊標的，所以才沒有對新潟市展開普通的空襲攻擊。儘管中央政府內務省反對，縣府仍然實施了強制撤離：11日市內各地開始撤離，由國鐵（現在的JR）為市民提供免費運輸，市民應至少撤退到郊外2里（8公里）以外地點；若是沒有家人或幫手以致無力撤離者，則由縣府提供集體避難住宿場所。市民結束撤離返回家裡時，已經是大戰結束三天後的8月18日。

結果新潟市終究沒有遭到原子彈攻擊，可是縣知事的推理其實並沒有錯，因為新潟市赫然正是當初原子彈攻擊的目標都市之一。美軍是在8月1日確定把新潟市排除在原子彈攻擊的目標之外，理由是新潟市「太遠」、「太小」。雖說最終被排除在攻擊目標之外，還是不得不佩服縣知事的敏銳決斷（參照P.124資料）。

和軸心國兩個陣營的戰爭。

當時美國致力於開發一種使用於軍事目的的機器，那就是**發射大砲時用來計算彈道的機器**。這種機器是根據風速、氣候條件等各種資料計算出大砲的射程，以期能夠在攻擊敵陣時取得最大的殺傷效果。簡而言之，這就是台用來迅速而正確地計算出大砲發射角度的機器。這便是史上第一台**電子計算機（電腦）**。這台電腦直到1945年秋天才終於開發完成，而那時已是戰後。

今日世道承平，電腦早已經是公私部門機關、學校甚至個人生活中不可或缺的必需品。正是這個專為人類史上規模最大的第二次世界大戰所開發的機器，我等才能享受到如今無比便利的日常生活。

●新潟縣知事周知縣民戒備新型炸彈投擲攻擊的緊急避難布告

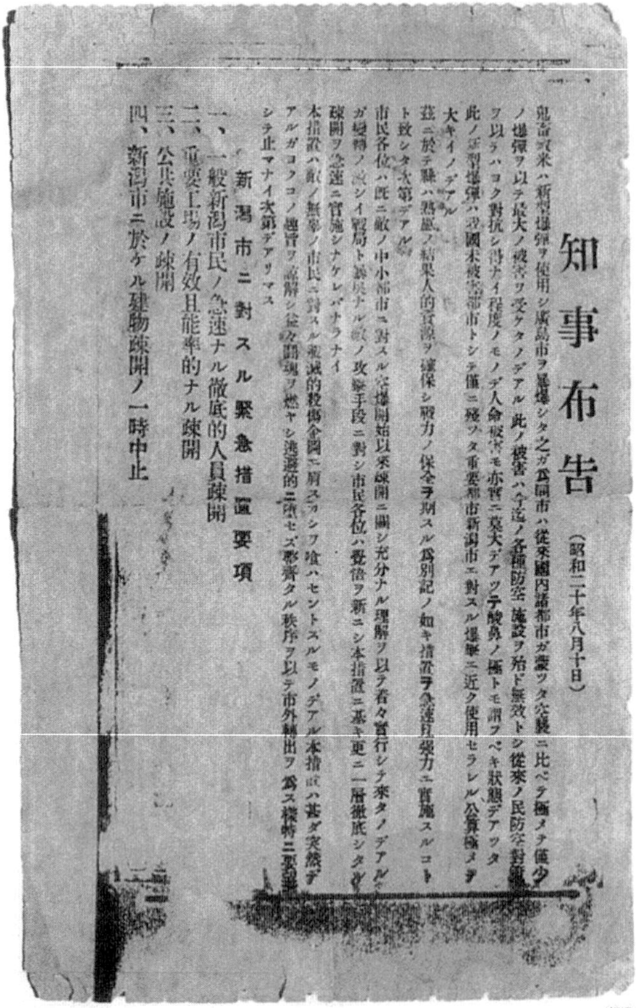

知事布告

（昭和二十年八月十日）

鬼畜米英ハ新型爆彈ヲ使用シ廣島市ヲ襲爆シタ之ガ爲同市ハ從來國內諸都市ガ蒙ツタ空襲ニ比ベテ極メテ僅少ノ爆彈ヲ以テ最大ノ被害ヲ受ケタノデアル 此ノ被害ハ今迄ノ各種防空施設ヲ殆ド無效トシ從來ノ民防空對策ヲ以テハコレニ對抗シ得ナイ程度ノモノデ人命被害モ亦實ニ莫大デアツテ慘鼻ノ極トモ謂フベキ状態デアツタ 此ノ新型爆彈ハ我國未被害都市トシテ僅ニ殘ツタ重要都市新潟市ヘ對スル爆撃ニ近ク使用セラレル公算極メテ大キイノデアル

茲ニ於テ縣ハ熟慮ノ結果人的資源ヲ確保シ戰力ノ保全ヲ期スル爲別記ノ如キ措置ヲ急速且強力ニ實施スルコトト致シタ次第デアル

市民各位ハ既ニ敵ノ中小都市ニ對スル空爆開始以來疎開ニ關シ充分ナル理解ヲ以テ着々實行シテ來タノデアルガ愈々熾烈ナル戰局ト暴戾ナル敵ノ攻撃手段ニ對シ市民各位ハ覺悟ヲ新ニシ本措置ニ基キ更ニ一層徹底シタル疎開ヲ急速ニ實施シナケレバナラナイ

本措置ハ敵ノ無辜ノ市民ニ對スル殲滅的殺傷企圖ニ肩スカシヲ喰ハセントスルモノデアル本措置ハ甚ダ突然デアルガコノ趣旨ヲ諒解シ益々闘魂ヲ燃ヤシ逃避的ニ流レズ整齊タル秩序ヲ以テ市外轉出ヲ爲ス様特ニ要望シテ止マナイ次第デアリマス

新潟市ニ對スル緊急措置要項

一、一般新潟市民ノ急速ナル徹底的人員疎開

二、重要工場ノ有效且能率的ナル疎開

三、公共施設ノ疎開

四、新潟市ニ於ケル建物疎開ノ一時中止

新潟市

1945年8月13日新潟市淪為鬼城。同屬新潟縣的長岡市遭到空襲導致幾近全毀（80%）的破壞，縣府所在地新潟市卻是紋風不動，使得全縣提心吊膽憂慮「莫非有詐？」廣島和長崎在原子彈落下以前，便幾乎不曾遭到攻擊。人人擔心「新潟恐怕是下一個攻擊目標」、市民全力配合避難，才使緊急疏散工作得以在短短一天之內完成。結果原子彈最終還是沒來，新潟市也得以倖免於難。

EPISODE

韓戰締造的傳說
日本相機世界第一！

1950年12月20日《紐約時報》刊載了一則盛讚日本製照相機的報導，那是台Nikon的照相機。該報導介紹的，是素來以攝影雜誌聞名的《生活》（Life）攝影師參與韓戰的故事。

朝鮮半島北部冬季氣候嚴寒，一般照相機往往會結凍無法使用，唯獨Nikon相機的快門仍然可以作動。當時照相機仍以德國製的Leica、CONTAX為大宗。曾經參加印度支那戰爭（1946～1954年）捕捉畫面的戰地攝影記者羅伯特·卡帕亦是如此。在那個「日本品廉價、品質差」的時代，Nikon卻被報導為「精密且造型美麗」。「世界大廠Nikon」神話原來竟是韓戰的產物。

當時發售的Nikon M型相機。（照片提供：株式會社Nikon Imaging Japan）

蘇聯為何在戰後拉起「鐵幕」？

蘇德戰爭

【西元1941～1945年】

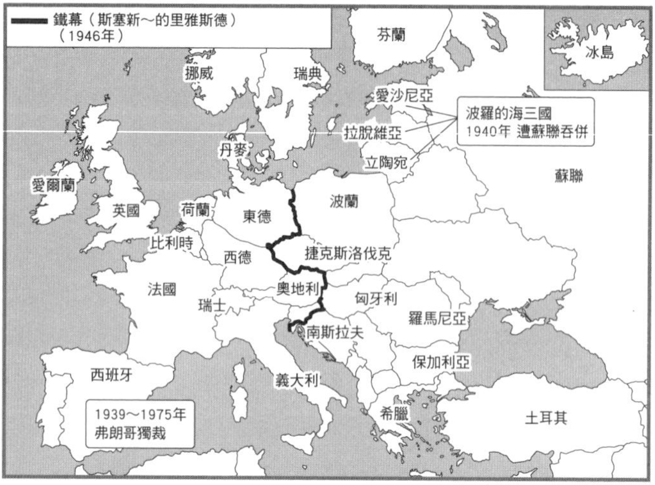
鐵幕（斯塞新～的里雅斯德）
（1946年）
芬蘭
冰島
挪威
瑞典
愛沙尼亞
波羅的海三國
1940年 遭蘇聯吞併
拉脫維亞
丹麥
立陶宛
蘇聯
愛爾蘭
英國
荷蘭
東德
波蘭
比利時
西德
捷克斯洛伐克
法國
瑞士
奧地利
匈牙利
羅馬尼亞
南斯拉夫
西班牙
義大利
保加利亞
1939～1975年
弗朗哥獨裁
希臘
土耳其

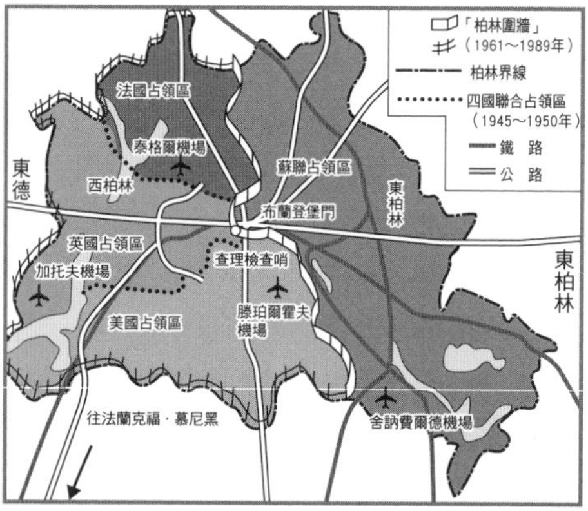
「柏林圍牆」
（1961～1989年）
柏林界線
四國聯合占領區
（1945～1950年）
鐵 路
公 路
法國占領區
泰格爾機場
東德
西柏林
蘇聯占領區
東柏林
布蘭登堡門
英國占領區
加托夫機場
查理檢查哨
東柏林
美國占領區
滕珀爾霍夫機場
往法蘭克福．慕尼黑
舍訥費爾德機場

第二次世界大戰以後，歐洲被鐵幕一分為二。

蘇聯占領東歐造成東西分裂

一切均起因於第二次世界大戰期間蘇聯向德國所提出**瓜分波蘭與東歐的密約**（註）。德國在拿下波蘭西部以後揮兵轉向西歐進軍巴黎，及至1940年6月，歐洲除英國以外的所有土地已經全數籠罩於蘇聯以及柏林-羅馬軸心國陣營勢力下。

恰恰就是在這個時候，美國忽然發言批判歐洲情勢，並且表明態度要支援英國。德國料想戰事必將陷入長期抗戰，遂發兵侵略擁有豐富糧食以及石油礦藏的蘇聯南部。

註：密約：後來蘇聯果然按照密約，由波蘭東部進軍對芬蘭、巴羅的海三國、比薩拉比亞（現在的摩爾達維亞民主共和國）展開軍事占領。

PICK UP

柏林封鎖——「柏林大空運」作戰

1945年5月歐洲戰爭結束以後，戰敗國德國遭英美法蘇四國分割統治：首都柏林所在的東德由蘇聯統治，西德則由英美法占領，目的是要進行民主改革。四國決定今後在柏林進行會談協商，於是又把柏林分成東西兩邊，東柏林歸蘇聯管，西柏林則是劃給英美法三國。不料蘇聯很快就因為貨幣改革跟三國鬧翻，遂將通往西柏林的所有公路、鐵路、河川全數封鎖。不僅如此，蘇聯還把維繫西柏林200萬市民性命的糧食供給全數斷絕，史稱柏林封鎖（1948年6月～1949年5月）。

唯獨空路乃是例外，這是因為蘇聯自恃英美法三國光憑空運無法將糧食等物資毫無遺漏送到所有西柏林市民手中，可是西柏林市民也很爭氣，群起協助增設飛行場（起降跑道）。就在24小時片刻不停竭、每3分鐘一個班次的異常運轉態勢之下，英美法的飛機才得以把糧食、生活必需品送到西柏林市民手上。

柏林封鎖期間內，美容院都是拿空運送來的炭燒熱幫客人燙頭髮，印刷廠則是由體力充沛的小伙子踩動腳踏車以後輪透過皮帶牽動輪轉機來印刷刊物。「柏林大空運」讓全球都看清蘇聯就是個會幹出如此不人道行徑的國家。飛機噪音晝夜不分24小時在耳邊轟隆隆作響，普通人聽著都會覺得吵，可是聽在西柏林市民耳中卻是一種生命獲得維繫的安心感覺。

1941年6月**蘇德戰爭**爆發。起初蘇聯被德軍打得毫無招架之力，直到獲得美國出借武器才終於扭轉局勢，兩國激烈交鋒的史達林格勒戰役（1942～1943年）尤為關鍵，蘇聯一路追擊撤退的德軍，於1945年4月攻陷柏林，蘇德戰爭至此終結。

蘇聯在進軍柏林的途中，卻也順勢將東歐諸國一一占領，使得東歐**由納粹德國改幟蘇聯**，長期壓抑民主自由的東歐共產國家至此誕生。英國政治家邱吉爾曾經說過戰後歐洲遭**「鐵幕」**分為東西兩邊，而鐵幕的東側不久就被改造成了國民時時受到祕密警察監視的非人道社會。

蘇日戰爭【西元1945年】

朝鮮半島為何遭到分裂？

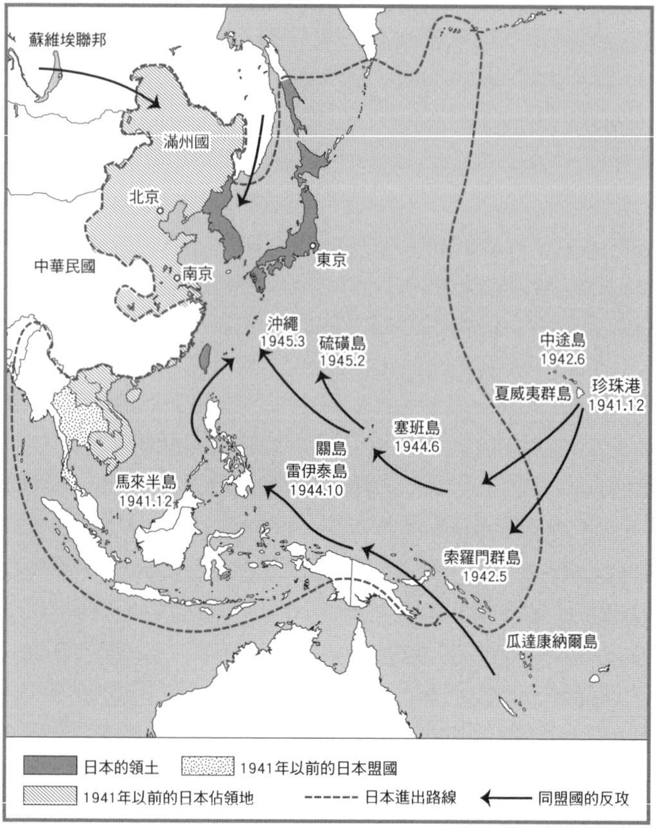
蘇維埃聯邦
滿州國
北京
中華民國
南京
東京
沖繩
1945.3
硫磺島
1945.2
中途島
1942.6
夏威夷群島
珍珠港
1941.12
塞班島
1944.6
關島
雷伊泰島
1944.10
馬來半島
1941.12
索羅門群島
1942.5
瓜達康納爾島
日本的領土
1941年以前的日本盟國
1941年以前的日本佔領地
日本進出路線
同盟國的反攻

單方面破壞條約與蘇俄侵略朝鮮

1945年2月，美國總統F・羅斯福、英國首相邱吉爾和蘇聯總書記史達林三位同盟國元首齊聚克里米亞半島，召開**雅爾達會議**討論戰後的安排處置。

席間有許多重大決定，朝鮮半島的共同管理乃是其一，另一個則是蘇聯對日宣戰。1941年4月，蘇聯為防備蘇德戰爭期間不致遭到趁隙而入，遂與德國的盟國日本締結**中立條約**，所以如今蘇聯等於是單方面破壞條約、主動興兵侵略日本。原來是羅斯福為搏後世名聲、

EPISODE

原子彈攻擊的首要目標是京都！

廣島、長崎的兩顆原子彈乃是致使日本投降的決定性因素，但假使當時日本還不投降，勢必還會有「第三顆」。至於這第三顆會落在何處，很有可能就會落在京都。京都幾乎未遭空襲，是唯一幾乎毫髮無傷的人口百萬級大都市。其他的人口破百萬的都市諸如東京、大阪和名古屋，早已經遭大空襲破壞得體無完膚。站在美國軍方的角度來看，京都如此規模的大都市是測試原子彈威力的絕佳目標，魅力甚至凌駕於廣島、長崎之上。因為這個緣故，其實京都本是美軍眼中與廣島並列第一的首要目標。

那麼為何原子彈沒有轟炸京都呢？一直以來看似最合理的理由就是「因為京都有許多珍貴的歷史文化財產」。可是仔細想想，一個敵國怎麼會懷著如此想法來與自己打仗，常識上根本是不可能的事情。戰後美軍選擇利用天皇來推行占領託管政策，料想這便是京都倖免於難的真正原因。

京都有許多珍貴歷史文化財產

希望將美軍犧牲降到最低，所以力邀蘇聯參戰，而史達林則是提出**占領千島、庫頁島**作為報酬。對早早就打定主意要對蘇聯讓步的羅斯福來說，這麼點小小要求其實也不算什麼，也就答應下來了。於是三國遂議定蘇聯將在德國投降的三個月後對日宣戰。

8月9日，蘇聯從陸海兩路朝當時日本治下的諸多島嶼發動侵略，把大量軍紀敗壞的士兵送往滿州，令許多無辜的日本女性犧牲受害。8月10日，蘇聯進軍朝鮮半島。美國為阻止蘇聯攻勢，遂**提案以北緯38度線為界分割占領朝鮮**，蘇聯並沒多想直接答應，原屬日本領土的朝鮮地區從此淪為美蘇兩國的託管地。如此狀況延續到美蘇冷戰時期以後，北緯38度線就成了亞洲的**「鐵幕」**。

column

世所罕見的種族滅絕（Genocide）

英語「Genocide」可以譯成「集體殺害」或「大量殺戮」，然則聽起來缺乏沉重感、略嫌簡素。所謂「Genocide」就是並不限定於戰場上的士兵，而是指將街道上毫無抵抗能力的普通人甚至兒童都一併突然殺害的行為，以及做出如此殺戮行為的精神狀態。

種族滅絕不分戰場與非戰地區，只是大量殺戮毫無抵抗力的人。這樣的行為，來自於泯滅人性的精神狀態加上**種族主義**（人種差別主義）的催化，這便是所謂的「種族滅絕」(Genocide)。

大量的無差別殺戮，始於人類將飛機投入戰爭以後。在這個定義下的首次種族滅絕，儘管仍然帶有實驗性質，便是1937年納粹德國對格爾尼卡的轟炸攻擊，這是西班牙內戰（1936～1939年）期間德國支援弗朗哥叛軍的軍事行動。

後來美國也展開大規模編制的轟炸行動，此即1945年3月10日的**東京大轟炸**。這次空襲的攻擊目標是東京人口最密集的住宅區，那裡壓根就沒什麼軍事據點，底下有的只是市井小民的升斗日常以及彷彿平原般連綿開展的木造民宅而已。

美軍從東京上空投擲燒夷彈，造成大量殺戮。燒夷彈會伴隨著油脂汽油與散落的火花從天而降，地面的木造建築轉眼便陷入火海，造成無數普通市民喪生。東京大轟炸持續長達2個小時，僅僅第一波轟炸就造成了多達10萬人死亡。據說這場殺戮的犧牲者甚至超過了廣島、長崎原子彈爆炸當天的死亡人數，使得東京大轟炸成為史上空前的種族滅絕攻擊。

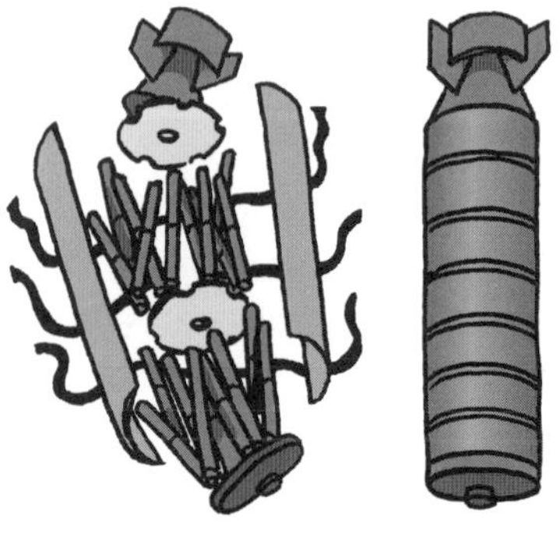

第 6 章

戰後世界的戰爭

第6章介紹的世界史

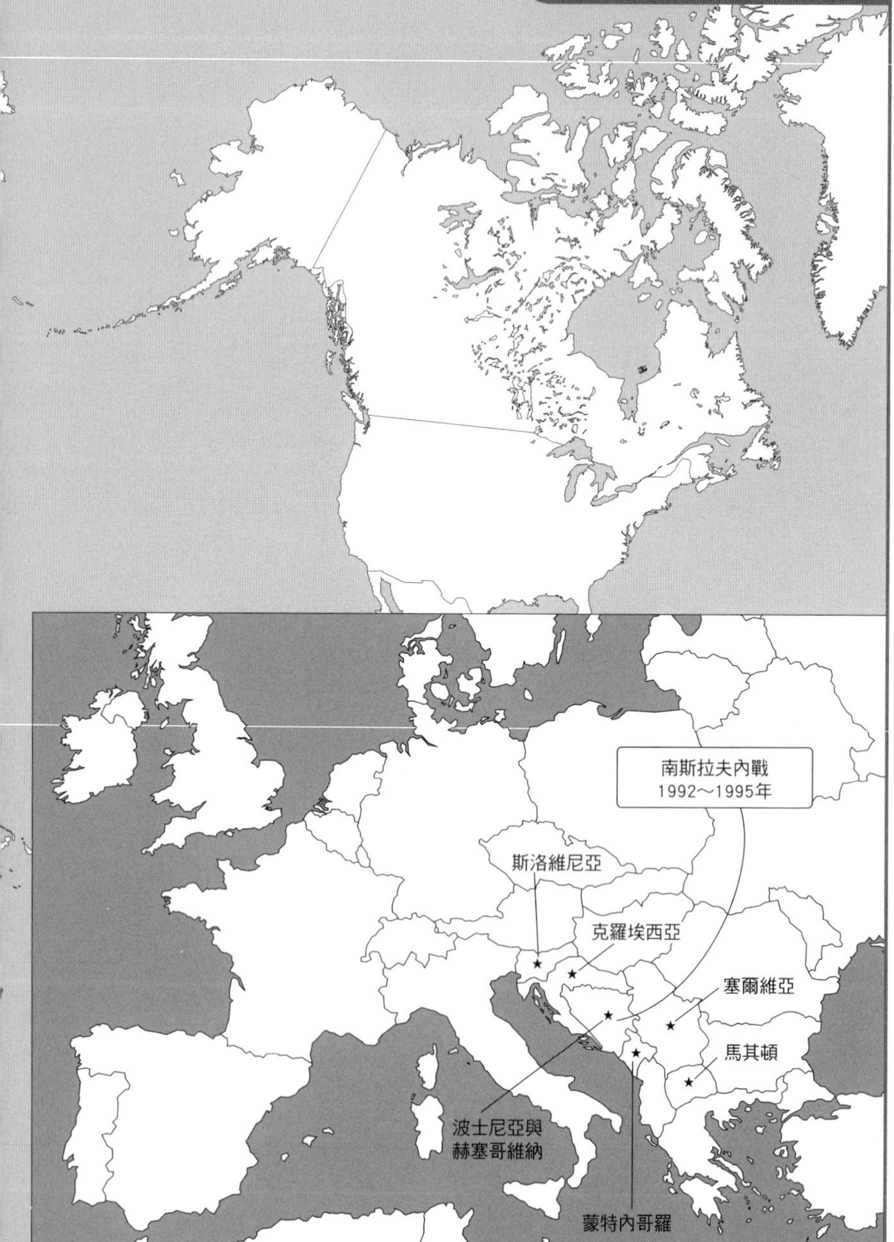

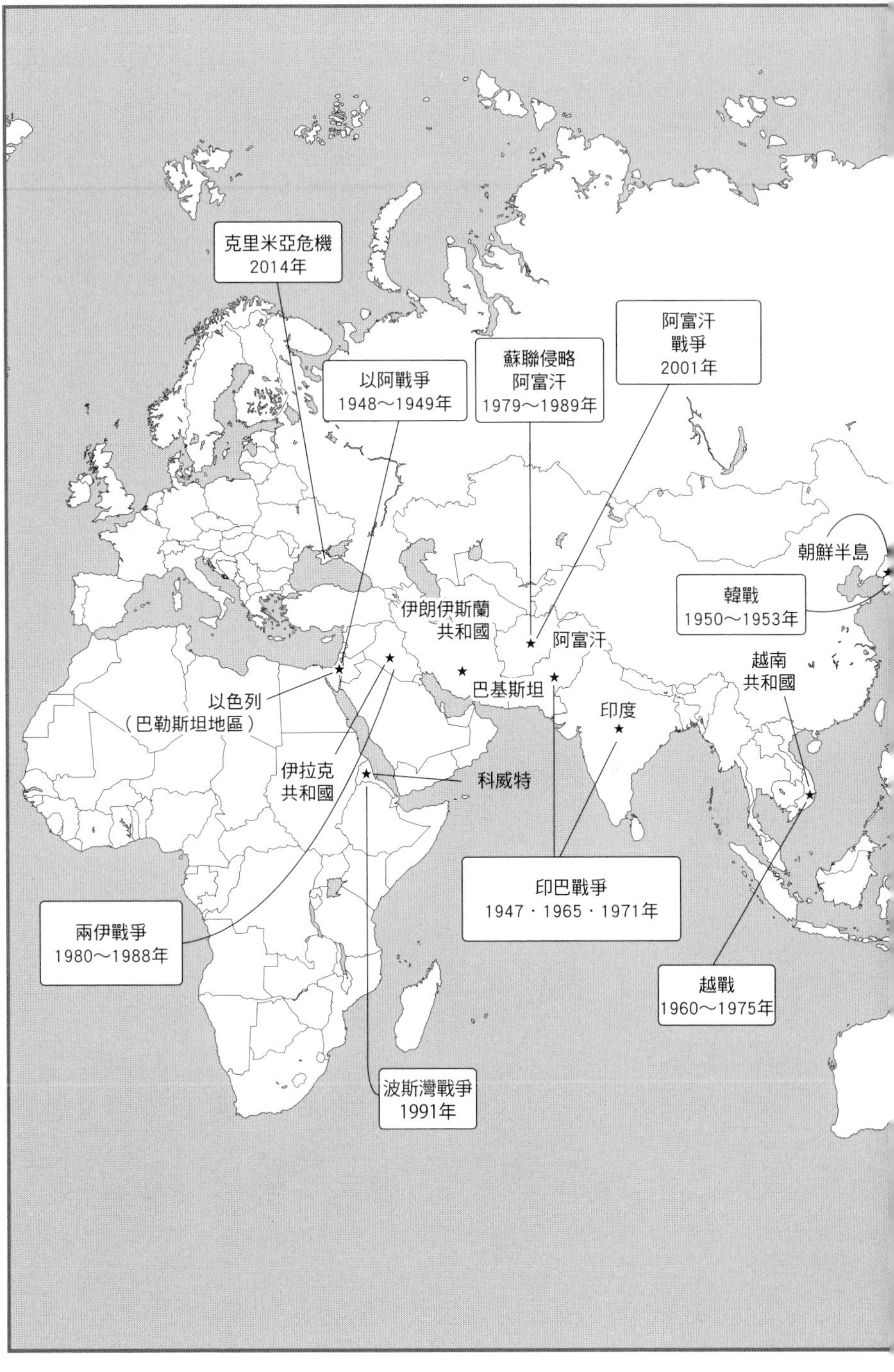
克里米亞危機
2014年
以阿戰爭
1948～1949年
蘇聯侵略
阿富汗
1979～1989年
阿富汗
戰爭
2001年
朝鮮半島
韓戰
1950～1953年
伊朗伊斯蘭
共和國
阿富汗
巴基斯坦
越南
共和國
印度
以色列
（巴勒斯坦地區）
伊拉克
共和國
科威特
印巴戰爭
1947・1965・1971年
兩伊戰爭
1980～1988年
越戰
1960～1975年
波斯灣戰爭
1991年

印巴戰爭【西元1947年．1965年．1971年】

為何印度和巴基斯坦會起衝突？

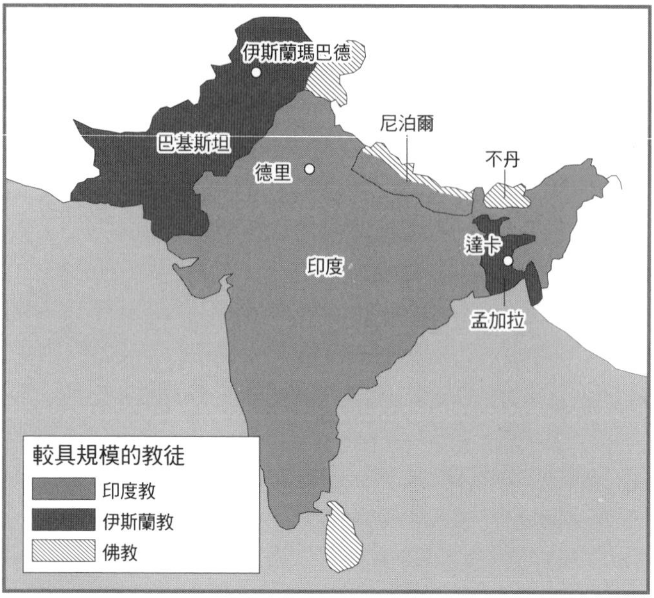
伊斯蘭瑪巴德
巴基斯坦
尼泊爾
德里
不丹
達卡
印度
孟加拉
較具規模的教徒
印度教
伊斯蘭教
佛教

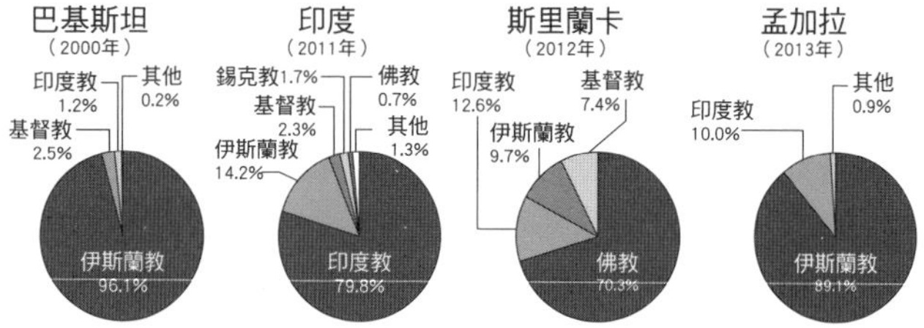
巴基斯坦（2000年）
印度教 1.2%
其他 0.2%
基督教 2.5%
伊斯蘭教 96.1%
印度（2011年）
錫克教 1.7%
佛教 0.7%
基督教 2.3%
其他 1.3%
伊斯蘭教 14.2%
印度教 79.8%
斯里蘭卡（2012年）
印度教 12.6%
基督教 7.4%
伊斯蘭教 9.7%
佛教 70.3%
孟加拉（2013年）
其他 0.9%
印度教 10.0%
伊斯蘭教 89.1%

長期戰亂連綿而且至今未獲解決的國際問題

第二次世界大戰結束後，正是亞洲國家獨立運動發展蓬勃的時機，其中為英國發達榮景貢獻良多的印度殖民地也在1947年獨立成功。印度是個極為獨特的地區，自古以來就有數種文化在此交織形成豐富的文化底蘊。

可是印度獨立之初，伊斯蘭教徒創建巴基斯坦（註）之際，印度跟巴基斯坦卻因為喀什米爾的主權歸屬問題產生歧見，進而引發**印巴戰爭**（1947年．1965年）。兩國搶占喀什米爾地區，**緊咬該地主**

註：巴基斯坦：其領土便是大戰期間印度國內伊斯蘭教徒的居住地區，具體來說便是印度河中游、東孟加拉地區（後來的孟加拉），再加上北部的喀什米爾土邦。

EPISODE

甘地其人其事

聖雄甘地（1869～1948年）是「印度獨立之父」，以貫徹非暴力的不合作思想暨運動使全球深受感動，甚至1960年代美國主導爭取黑人與少數族群公民權運動的金恩牧師也是其中一人。2007年聯合國大會將甘地的生日（10月2日）訂為國際非暴力日……試問這世間有沒有第二個人可以受到如此的愛戴？

其實甘地少時也有調皮的一面。據說他曾經在壞朋友的勸誘下吃了禁止食用的牛肉，理由只是出於一個極為單純的疑問：「為什麼英國人長得那麼高大？一定是因為他們吃牛肉的緣故！」

這是個何等充滿童真的想法啊！甘地成為獨立志士以後，想必經常遭受許多冷嘲熱諷甚至於有口無心的責難。

有趣的是，據說從前甘地的房間裡面擺著日本常見的「三猿」木雕（勿視・勿聽・勿言），搞不好這恰恰正是甘地心境的寫照。

權互不相讓、直至今日。

更有甚者，1971年原本隸屬巴基斯坦的東孟加拉發生獨立運動，巴基斯坦試圖以武力鎮壓，印度卻撻伐巴基斯坦並支持獨立運動，演變形成**第三次印巴戰爭**。東孟加拉獨立運動獲印度支持，最終成功獨立為孟加拉。

印巴關係從此便再也無法擺脫濃濃的火藥味，兩國亦以自保為名著手開發核子武器。1998年巴基斯坦展開核子試爆，印度也隨即跟進。印巴兩國的對立關係，造就了南亞的核武恐怖。直到21世紀的今天，**「無止境的印巴戰爭」**仍是國際和平懸而未決的一大問題。

巴勒斯坦分割案（1947年）當中
阿拉伯人*
猶太人*
戰後的以色列
〇萬人 難民人數（1950年）
* 標示區域稱作巴勒斯坦。
第1次以阿戰爭（1948～1949年）
黎巴嫩共和國
13萬人
敘利亞阿拉伯共和國
8萬人
約旦河西岸地區
海法
地中海
特拉維夫
加薩地區
加薩
20萬人
耶路撒冷
約旦河
死海
以色列
約旦王國
51萬人
蘇伊士運河
開羅
尼羅河
蘇伊士灣
西奈半島
阿卡巴灣
沙烏地阿拉伯王國
埃及王國
紅海
第3次以阿戰爭（1967年）
黎巴嫩共和國
18萬人
敘利亞阿拉伯共和國
戈蘭高地
16萬人
海法
約旦河西岸地區
地中海
特拉維夫
約旦河
27萬人
加薩地區
31萬人
加薩
耶路撒冷
死海
約旦王國
51萬人
以色列
蘇伊士運河
開羅
西奈半島
尼羅河
蘇伊士灣
阿卡巴灣
阿拉伯聯合共和國（埃及）
沙烏地阿拉伯王國
紅海
戰後的以色列占領地
現狀
黎巴嫩共和國
45萬人
以色列占領地
敘利亞阿拉伯共和國
戈蘭高地
53萬人
以色列
約旦河西岸地區
地中海
耶路撒冷
約旦河
77萬人
加薩地區
128萬人
耶利哥
加薩
死海
約旦王國
212萬人
開羅
希伯侖
蘇伊士運河
尼羅河
西奈半島
蘇伊士灣
阿卡巴灣
沙烏地阿拉伯王國
埃及阿拉伯共和國
紅海

以阿戰爭【西元1948～1949年】

現在巴勒斯坦問題之根源

無解的領土問題造成大批難民

第一次印巴戰爭爆發的隔年（1948年），地中海東岸一角爆發**以阿戰爭**。這場戰爭便是牽延至今的巴勒斯坦問題的起始點，其成因則是根本性的領土問題。自7世紀以來，巴勒斯坦地區的歷史一直都是沿用伊斯蘭教世界的時間軸來編寫，直到19世紀末猶太人在俄羅斯、歐洲遭到的歧視與迫害加劇，猶太人才又想到不如回到從前猶太人曾經建國的**巴勒斯坦去建立屬於自己的國家**。然而巴勒斯坦當然早已經是鄂圖曼帝國的領土，二

EPISODE

猶太人和戰爭

2世紀後半**猶太戰爭**敗給羅馬帝國以後，猶太人就選擇離開故地巴勒斯坦。猶太人在歐洲很早就被視為基督教之敵，例如15世紀末的國土再征服戰爭末期便曾經排斥打擊猶太人。其次，各國又設置**聚集區**（猶太人居住區），並且禁止猶太人取得不動產。19世紀末俄國又發生世稱**反猶騷亂**的猶太人屠殺事件，使得猶太人憤而在**日俄戰爭**（1904～1905年）期間大量買進日本國債作為支援。時至20世紀，又有史達林蘇聯和希特勒德國對猶太人大加迫害。

焦點人物

阿明・侯賽尼

（1895～1974年）

以阿衝突期間有個鼓吹阿拉伯人應該要團結起來保衛土地的運動，其領袖便是阿明・侯賽尼。

自從1929年猶太人和阿拉伯人為爭奪聖地耶路撒冷爆發衝突（哭牆事件）以後，阿明就開始大力煽動**反猶太主義**情緒。他主張不許猶太人奪走屬於阿拉伯人的土地，多次襲擊甚至殘殺猶太人不遺餘力。第二次世界大戰期間阿明還曾會晤希特勒，主張阿拉伯人與德國人應該攜手排除「共同的敵人＝猶太人」。

千年前這裡確實曾經是猶太人的土地，可現如今卻怎容猶太人在此擅自立國。

讓猶太人感到巴勒斯坦建國一事或有可圖的，其實是英國。第一次世界大戰期間1917年，英國曾經向猶太財閥借貸資金投入戰爭，對價就是支持巴勒斯坦的猶太人建國運動。

1930年代納粹在歐洲崛起，大批猶太人同時湧至巴勒斯坦，這也是後來1948年**「猶太人國家＝以色列」建國**的伏筆。此舉引來以埃及為首的阿拉伯國家猛烈反對，熾熾怒火終於演變成以阿戰爭、觸發戰火。

經此一戰，以色列成功擴張位於巴勒斯坦的占領地，結果竟造就了據説多達上百萬名的**巴勒斯坦難民**。連同後來1956年、1967年和1973年，共計發生過前後四次的以阿戰爭憾事。

韓戰【西元1950～1953年】

日本自衛隊之創建

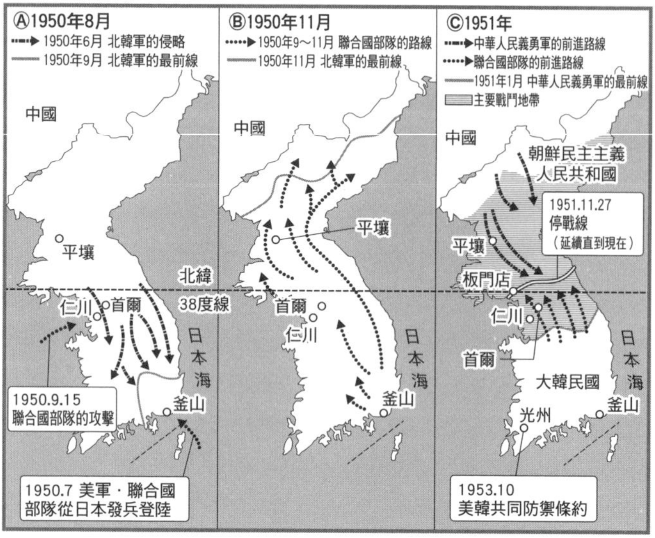

日本為因應韓戰而成立了警察預備隊

將朝鮮一分為二的戰爭演變成中美對決

以阿戰戰爭爆發的1948年同年，早已脫離日本統治的朝鮮半島正是**南有韓國、北有朝鮮民主主義人民共和國**的分裂局面。北方金日成有意武力統一，然則蘇聯史達林卻恐美國介入而未予首肯。金日成雖然不滿，卻也沒辦法違逆幫助自己創建北韓的恩人。

翌年（1949年）中華人民共和國誕生，當時深獲史達林信賴的毛澤東很有影響力，他說美國連中國革命都沒有介入了，料想應該也不會介入朝鮮半島才是。

●韓戰的構圖

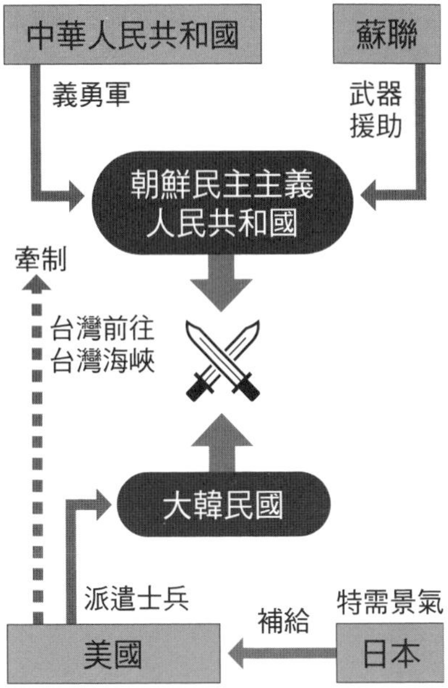
中華人民共和國
蘇聯
義勇軍
武器援助
朝鮮民主主義人民共和國
牽制
台灣前往台灣海峽
大韓民國
派遣士兵
特需景氣
補給
美國
日本

EPISODE

祝田秀全在板門店和談會場為您報導

板門店是1953年韓戰停戰協定的簽署地，恰恰位於北緯38度線之上。板門店的地面埋有一道石磚，一看就知道那石磚正是38度線，而南北韓雙方代表會談的談判場所便是設置在此。

有趣的是，就連建築物內部的天花板、地板都沿著38度線以白漆塗線，白線上設置會談用的大桌子，桌面還設置帶有電線的麥克風。更值得特別一提的是，麥克風電線還恰恰就牽在38度線上。昂然立於國境、一腳南韓一腳北韓，倒也饒富趣味。板門店是少數僅存可以體驗「冷戰時代遺跡」的場所，儘管南北韓之間的冷戰其實尚未結束。

韓戰便在1950年6月25日自北韓發動奇襲以後揭開了序幕。在北韓軍隊的猛攻之下，南韓一度被擠壓到僅剩釜山殘地，朝鮮半島幾乎全部都被北韓囊括；不久**支持南韓的聯合國部隊（麥克阿瑟指揮官）與支持北韓的中國軍隊參戰**又使戰局為之一變，韓戰已經脫離前述社會主義陣營當初的預測，升級成為中美之戰。

聯合國部隊是以派駐日本的聯合國美軍部隊編制組成。日本也因應朝鮮半島情勢，為備共產黨發動恐怖攻擊或煽動暴動而組建了配備輕型武器的警察預備隊，而該組織便是1954年創立的自衛隊之前身。

再回頭看到韓戰，1953年聯合國部隊與北韓雖在**座落北緯38度線的板門店**簽下**停戰協定**，可是這冷戰的「遺跡」至今卻仍在蠢蠢欲動。

越戰【西元1960～1975年】

T恤、牛仔褲、搖滾樂、民歌的誕生

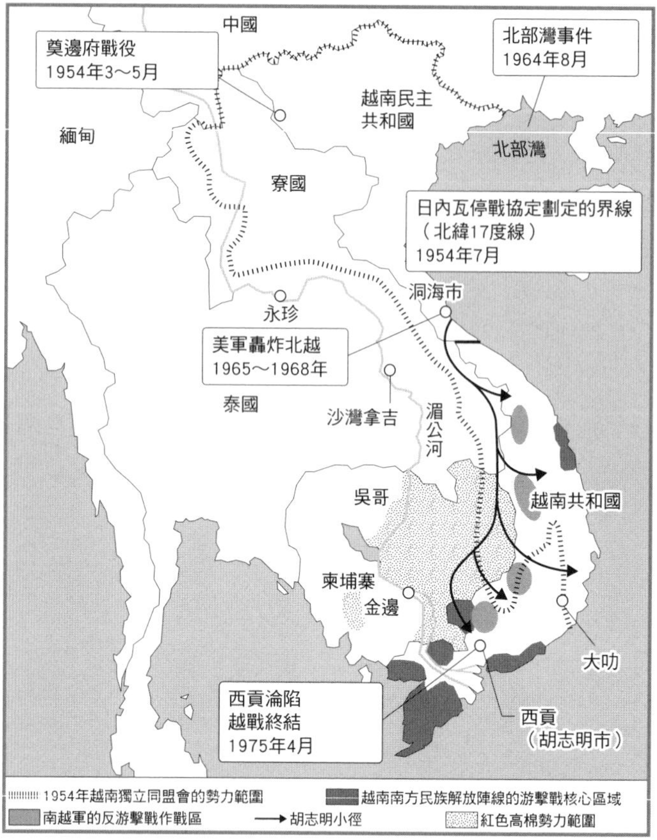

中國
奠邊府戰役
1954年3～5月
北部灣事件
1964年8月
越南民主共和國
緬甸
北部灣
寮國
日內瓦停戰協定劃定的界線
（北緯17度線）
1954年7月
洞海市
永珍
美軍轟炸北越
1965～1968年
泰國
沙灣拿吉
湄公河
吳哥
越南共和國
柬埔寨
金邊
大叻
西貢淪陷
越戰終結
1975年4月
西貢
（胡志明市）
1954年越南獨立同盟會的勢力範圍
越南南方民族解放陣線的游擊戰核心區域
南越軍的反游擊戰作戰區
胡志明小徑
紅色高棉勢力範圍

戰爭促成新世代文化誕生

第二次世界大戰結束翌年，法國殖民地越南發生了**印度支那戰爭**（1946～1954年）。1945年9月越南英雄**胡志明宣布越南獨立**，法國以武力鎮壓釀成戰爭，其結果便是越南以北緯17度線為界分裂成南北兩國。為打破南北分裂的狀況，1960年才又有**越戰**爆發：北邊是胡志明掌權的北越（共產派），南越則獲美國支援介入，美軍還對北越展開了著名的**北越大轟炸**（1965～1968年）。然則美國始終無法取得有效戰

●反文化

1960年後半美國的年輕人集體進入「叛逆期」。隨著反越戰運動、黑人與少數族群爭取公民權運動興起，反體制運動愈發朝氣蓬勃。所謂叛逆，就是要對抗成年人長年以來構築建立的舊文化，此即所謂反文化（對抗文化）。

果、終於敗退，越南亦於1976年在共產派的攻略下重歸一統（註）。

越南的悲劇引起世界各地紛起批判，美國的**反戰運動更是演變成批判政府運動**，進而助長促成了黑人暨少數族群公民權運動的興起。舊世代文化遭到否定，年輕人的新文化運動應運而生。

T恤是自我主張的絕佳畫布，而年輕人便穿著寫有「Peace」（和平）字樣的T恤和牛仔褲，蓄起長髮以示反對短髮士兵，搭配搖滾樂和民歌。這些後來都成了「戰後世代」所孕育的**反文化（對抗文化）**傳承至今，對現代流行時尚有莫大影響。

註：越南統一：兩越統一於1945年創建的越南民主共和國。然則統一當時卻完全無視國民選舉之類的議會制民主主義程序，導致越南成為共產黨獨裁國家，徹底悖離了當初獨立建國的初衷。換句話說，這可以說是個「國民缺席的統一」。

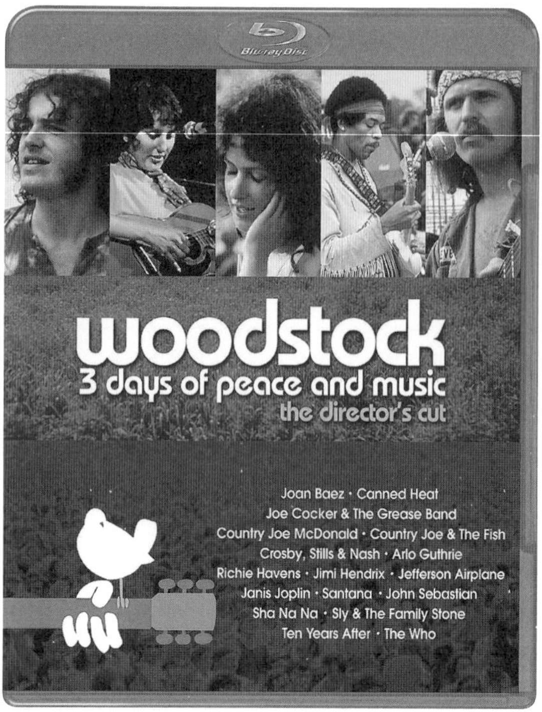

捕捉長達3天的搖滾樂傳奇盛會「胡士托」音樂節的記錄片。
《導演剪輯版 胡士托 三天的和平與音樂》
藍光版 ¥2,381+稅／DVD ¥1,429+稅
Warner Brothers Home Entertainment

傳奇的露天音樂祭

信奉自給自足共同社會理想的**嬉皮**現身問世，同樣是在1960年代後期。

1969年夏天，紐約州舉辦的**胡士托音樂節**吸引了全球目光。這是個三天共計超過40萬人齊聚一堂的露天音樂祭。演出者以富有反抗精神的搖滾樂和民歌為媒介，高聲唱出久藏胸中的怒火和抑鬱。傳奇吉他手吉米·罕醉克斯和搖滾樂女王珍妮斯·賈普林一站上舞台，場內觀眾就興奮地炸開了鍋。

聚集在這音樂祭會場的無數年輕人，很多都穿著T恤、牛仔褲來表達自我主張。原是野外勞動、礦工工作服的牛仔褲，也因為被嬉皮視

EPISODE

電影觀點

美國從越戰（1960～1975年）抽身而退是1973年的事情，而電影名作《美國風情畫》（美國環球電影／CIC）正是該年的作品。

作品時間設定為1962年夏天，以幾名高中畢業生的一個夜晚為題材。片中搭配多達40首美國流行樂曲，為作品平添許多韻味。《美國風情畫》由法蘭西斯．柯波拉製作，導演則是後來拍攝《星際大戰》名滿天下的喬治．盧卡斯。這是部追尋美國介入越南以前「美好時代」的娛樂片，大銀幕流泄出一首又一首的歌曲，挑逗觀眾對故事劇情滿懷期待。

電影尾聲處特別值得一看。導演使用主要登場角色的靜止畫面，加以疊加字幕介紹說明各個角色後來的發展，其中一人赫然就是「在越南的戰爭中下落不明」……一下子就把觀眾從舊日情懷裡拉回現實，是部能讓人深切體驗反文化運動之前之後「時代差異」、觸動人心的電影！

＊記載內容以執筆當時為準，請自行確認最新資訊。
．商品名：美國風情畫
．價格：¥1,886日圓＋稅
．發售：NBC Universal Entertainment

為反文化的象徵而傳遍全世界。

白T宣言

至於白T恤此前只不過是白色內衣而已，也被年輕人拿來在正面畫上「Peace」Logo或設計畫。自從這次「叛逆期」以來，T恤變得愈發多彩、搖身一變成為了「自我主張的畫布」。至於伸出兩指比出V字這個手勢也意味著「和平獲勝」，從此通行世界。

牛仔褲和T恤這些現代時尚穿搭的必備單品，便是源自於反文化運動。

戰後的美國Style

第二次世界大戰後，日本受聯合國部隊（實為美軍）託管占領（1945～1952年）。全國各大都市都遭戰火燒成廢墟，眼前盡是一片凋零飢餓的景象。值此國家新敗、國民骨削形瘦之際，**美式生活風格**可謂緊緊捉住了日本國民的心。

豐盛的食物、特大號牛奶瓶、大冰箱、系統廚具、家用汽車、爵士樂、流行服飾……無一不讓日本人垂涎欲滴，而這也對戰後日本人的精神文化造成很大影響。

日本經濟高度成長

韓戰帶來的「朝鮮特需」為日本經濟平添柴火，從此進入經濟高度成長時代（1950年代後半～1970年代前半）。

國民人人先是為購買「**三種神器**」（黑白電視、洗衣機、電冰箱）努力工作，後來又是為創造3C（彩色電視、冷氣、汽車）家庭而日夜打拚。

1964年主辦亞洲第一次的東京奧運，1970年舉辦日本萬國博覽會（大阪），顯示日本在大戰結束的二十年後已經累積了強大的經濟力和國力，甚至國民總生產毛額也僅次於美國排名世界第二。

公害和學運

時至1960年代末期，萬事皆以經濟成長掛帥的後果終於浮現。

公害問題便是其中最典型的例子，而戰後民主主義孕育的**團塊世代**對社會不公不義的質疑和憤怒，也在同時迸起爆發。

導致團塊世代爆發的關鍵事件有二，即1968年東京大學醫學部的實習制度，以及日本大學20億日圓經費用途不明問題。

團塊世代的叛亂從東京擴散到全國大學院校，而叛亂的高潮便是爭取大學民主化的東京大學事件。

東京大學事件後來發展成為全國所有學校都被捲入其中的一大運動。可惜的是，此事件後來偏離大學改革的主題而受到學校以外的政治運動所利用，造成學校的大混亂。

該事件發生在東京大學的安田講堂，並且造成1969年東大入學考試中止。不光是安田講堂，那些破壞學校內外多棟建築物的年輕人，當時對何謂文化、何謂人道精神究竟有多少體認？轉眼之間，社會大眾再也無法對學生的「叛亂」表示同情。

也是理所當然的事情。日漸退燒的學生運動後來逐漸遭到派系挾持，只能以劫持事件、製造炸彈排解不滿情緒，最終流於純粹的私刑殺人行為。

學生運動最終在東京大學落幕，從此以後，日本再無學生運動。

其中固然有很多理由，可是這次學運以暴制暴流於極端、犧牲善良市民確是一大重要原因，也是不爭的事實。學生運動的嫩芽，等於是自毀其手。

「初代松本樓」

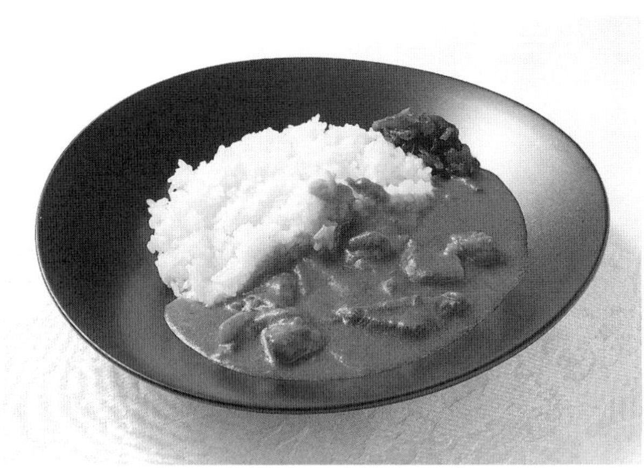

「10日圓愛心咖哩」的咖哩飯。

每年9月25日，日比谷公園的餐廳松本樓就會舉辦秋季活動「10日圓愛心咖哩」。1971年秋天美日兩國簽訂〈沖繩返還協定〉當時，松本樓一度遭到在日比谷公園示威遊行的激進反對派縱火燒燬，後來才在全國各界的鼓勵之下重新開幕。為表感謝，松本樓遂在每年9月25日實施「10日圓愛心咖哩」活動，以10日圓的低價提供1500份松本樓的人氣餐點咖哩飯。

蘇聯侵略阿富汗

造成奧運大會裂痕

【西元1979～1989年】

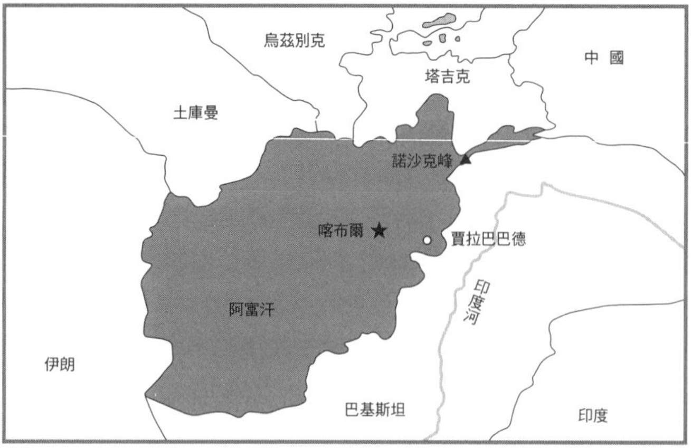

從越戰到尼克森震撼

戰後國際關係因為越戰而在一瞬間翻轉。中美兩國沒多久前才在**韓戰**（1950～1953年）當中激戰，兩國關係卻在尼克森1979年訪問中國以後轉趨正常化，而日本也在前一年簽下了**中日和平友好條約**。

前述國際情勢變化的背後，其實隱藏著美國的**越戰問題**。越戰牽延長達十年（1964～1973年），而美金也因為越戰等諸多因素而大量流出國外。當時美金是唯一能夠交換黃金的國際貨幣，可是美金已經大批進入國際社會，美國手上已經沒有足夠美金可以換回黃金。

1971年美國終於中止美金兌換黃金的措施，造成國際貨幣制度崩壞，史稱**尼克森震撼**。

此後降低軍事費用成為美國的重要課題，而中美關係正常化自然也就浮上了檯面。

這廂1969年則有**中蘇邊界衝突**發生，對蘇聯關係惡化的中國也有意向美國接近。中美兩國各有盤算，方才有兩國關係正常化的結果。

●莫斯科奧運・洛杉磯奧運

1979年蘇聯進攻阿富汗受到各國撻伐，自由主義陣營國家決定不參加隔年的莫斯科奧運（1980年），而下屆奧運則是由洛杉磯主辦（1984年），這次輪到蘇聯陣營抵制不參加。直到再下屆的1988年漢城奧運，才是雙方陣營都有參加的奧運大會。

莫斯科奧運

洛杉磯奧運

戰爭對立影響及於世界體壇盛事

兩國關係正常化等於是當頭澆了蘇聯一盆冷水。蘇聯為鞏固阿富汗的親蘇政權而於1979年派兵向阿富汗發動進攻，並且長期占據阿富汗直到1989年冷戰結束以後。

蘇聯此舉引起以美國為首的自由主義陣營國家抵制1980年**莫斯科奧運**以示抗議，四年後**洛杉磯奧運**則是蘇聯與親近蘇聯的社會主義國家抵制奧運。

至於蘇聯侵略阿富汗的蘇阿戰爭，則是揭開了新冷戰（第二次冷戰）的序幕。

兩伊戰爭【西元1980～1988年】

美國和伊拉克的蜜月期

阿富汗伊斯蘭共和國
安卡拉
土耳其共和國
敘利亞阿拉伯共和國
德黑蘭
喀布爾
黎巴嫩共和國
巴格達
以色列
伊拉克共和國
伊朗伊斯蘭共和國
開羅
約旦哈希米王國（1946年 外約旦王國）
波斯灣
巴基斯坦伊斯蘭共和國
馬斯開特
紅海
麥加
沙烏地阿拉伯王國
埃及阿拉伯共和國
阿拉伯聯合大公國
阿曼
葉門共和國

宗教對立引起戰爭

蘇聯侵略阿富汗跟**伊朗革命**（1979年）其實有很深的關係。

伊朗曾經於1960年代在國王巴勒維2世領導下推行**「白色革命」（近代改革）**，對外重視與歐美各國的關係，可是後來的伊朗革命卻推翻此前的近代化路線，要把伊朗徹底打造成一個反歐美、遵循唯一真神阿拉教義的什葉派國家。

距離伊朗不遠的中亞地區還另有烏茲別克、哈薩克和土庫曼等伊斯蘭教國家。這些國家當時都是蘇聯的加盟國，因此會不會跟進伊朗革命甚至有類似舉動，格外引人注目。

焦點人物

薩達姆・海珊（1937～2006年）

1979年當選伊拉克總統以後，海珊拿著獨占國營石油公司獲得的利益向軍方等關鍵人物大撒幣，藉此鞏固權力。他把自己塑造成伊拉克的「國父」，對外則以阿拉伯世界的盟主自居。海珊曾經以化學武器鎮壓庫德人和什葉派，而2001年911事件美國同時發生多起恐怖攻擊當時，美國便曾指責伊拉克藏匿犯罪組織。伊拉克戰爭（2003年）當中海珊遭到拘捕，經過審判後以違反人道的罪名於2006年遭到處刑。

蘇聯絕不容許這種事情發生，而其強硬態度也造就了1979年**侵略親蘇國家阿富汗**，這次軍事行動便是「蘇聯為維護勢力範圍，雖遠必誅」的展現。

美蘇援助伊拉克埋下另一場戰爭的種子

另一方面，伊朗的西邊則是屬於遜尼派的伊拉克。伊拉克總統**薩達姆・海珊**（在任期間1979～2005年）一面提防避免被伊朗革命波及，又在翌年發動了**兩伊戰爭**。

美蘇兩國都不樂見伊朗革命向外擴散，於是決定共同支援伊拉克。1987年聯合國先做出停戰決議，隔年伊朗也答應停戰，吃盡苦頭這下子才好不容易勝出的伊拉克可謂充分扮演了「伊朗革命防波堤」的角色。

兩伊戰爭也帶來了**美國和伊拉克的蜜月期**，美國把伊拉克移出「支援恐怖活動國家」清單，並且對伊拉克提供武器支援。可是兩國的蜜月期很快就走到了盡頭，此即**波斯灣戰爭**。

波斯灣戰爭

【西元1991年】

讓日本政府梗梗於懷的「沒被感謝到」事件

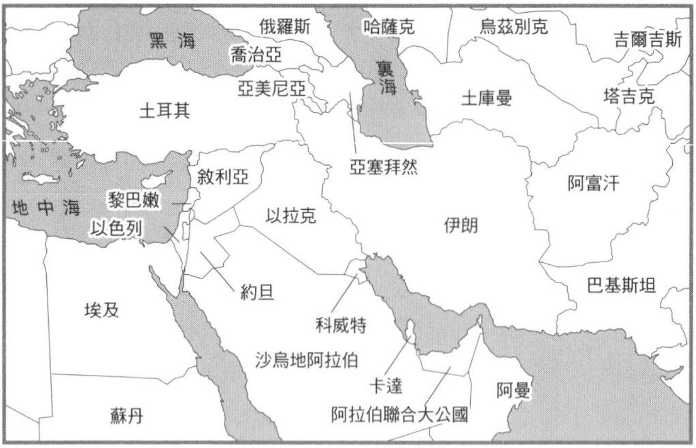

伊拉克為石油侵略科威特

1990年8月，伊拉克突然對鄰國科威特發動侵略。**兩伊戰爭**（1980～1988年）才剛結束不久，正是戰後百廢待興之際，伊拉克為何會有如此行動？

原來伊拉克向來主張科威特領土屬於伊拉克，更別說還有另一件更加令人惱火的事。

伊拉克因為兩伊戰爭陷入長期戰、必須盡速重整財政，科威特卻選在這個節骨眼上違反**OPEC（石油輸出國組織）**所分配的石油生產量，造成油價暴跌。伊拉克是主要石油輸出國之一，所以科威特的行為無異於對伊拉克重建財政的一記沉重打擊。

結下樑子以後，伊拉克決定強行出兵**侵略科威特**，而當時聯合國則是決議要以武力制裁伊拉克。

1991年1月，聯合國以歐美國家、阿拉伯國家為主體組成多國聯合部隊，開始向伊拉克發動攻擊，**波斯灣戰爭**爆發。伊拉克根本毫無勝算，經過著名的**「1000小時戰爭」**戰事便宣告終結。

●高科技武器

即以尖端科學技術製作的武器。空襲轟炸的炸彈進化成導彈，便是最好的例子。被賦予自律飛行能力的巡航飛彈還能利用導引功能，低空飛行避開雷達探測接近目標。近年各國則致力於開發情蒐用的無人飛行機（包括無人機等），以及軍事用、戰鬥用機器人。

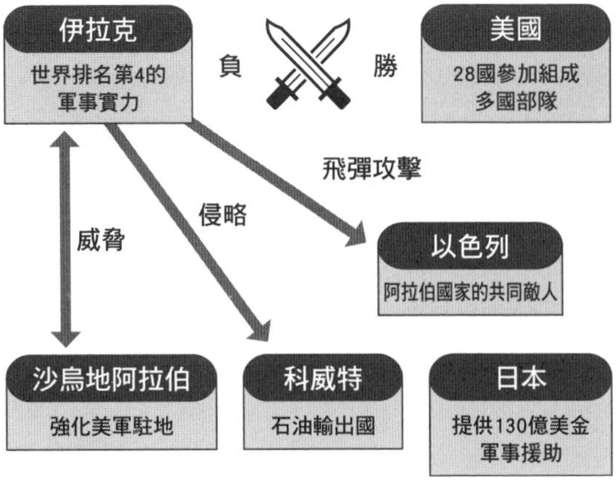
伊拉克
世界排名第4的軍事實力
負
勝
美國
28國參加組成多國部隊
飛彈攻擊
侵略
威脅
以色列
阿拉伯國家的共同敵人
沙烏地阿拉伯
強化美軍駐地
科威特
石油輸出國
日本
提供130億美金軍事援助

JAPAN

不出兵的日本儘管提供了巨額資金援助，卻不為世界接受認同。

日本僅提供資金援助未能獲得認同

另一方面，**日本卻因為這次戰爭而大受打擊**。當初日本政府向多國聯合部隊提供高達130億美金的巨額資金援助。

戰後科威特在美國報紙刊登一篇感謝廣告，點名全球30個國家在自己遭逢伊拉克侵略之際挺身搭救，裡面卻沒有日本的名字。科威特對**「不流血的援助」**反應相當冷淡。

日本因為此事被看作了平時蒙受國際社會的救助恩惠，目睹伊拉克蠻橫行為時卻不願行動的國家。後來日本人對憲法第9條的討論，甚至於與美國簽定安保條約以期為國際社會貢獻出力，便可以說是肇因於波斯灣戰爭。

南斯拉夫內戰

【波士尼亞戰爭・西元1992～1995年】

民族與宗教的歧異引發戰火

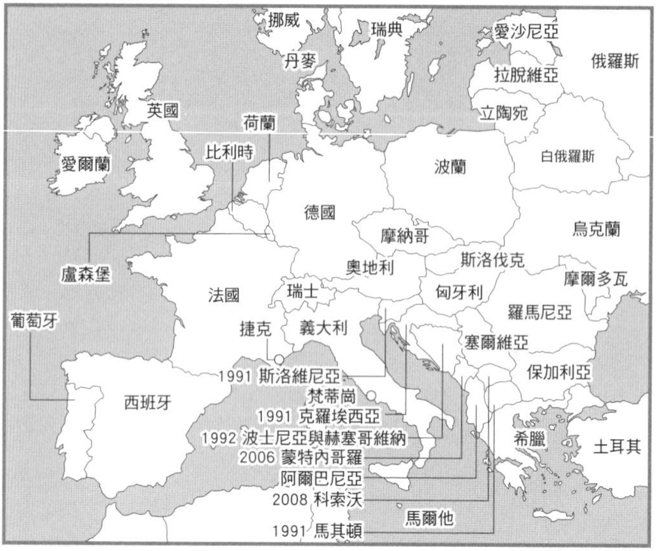

挪威
瑞典
愛沙尼亞
俄羅斯
丹麥
拉脫維亞
英國
荷蘭
立陶宛
愛爾蘭
比利時
白俄羅斯
波蘭
德國
烏克蘭
摩納哥
盧森堡
斯洛伐克
奧地利
摩爾多瓦
法國
瑞士
匈牙利
葡萄牙
羅馬尼亞
捷克
義大利
塞爾維亞
保加利亞
1991 斯洛維尼亞
梵蒂崗
西班牙
1991 克羅埃西亞
1992 波士尼亞與赫塞哥維納
希臘
土耳其
2006 蒙特內哥羅
阿爾巴尼亞
2008 科索沃
馬爾他
1991 馬其頓

內戰爆發
何謂民族

波斯灣戰爭（1991年）結束以後，世人開始自問何謂國家、何謂民族，從而演變形成內戰在各地爆發。

各地內戰當中持續最久的，便是由6個共和國聯合組成的**南斯拉夫聯邦**。

南斯拉夫自從1980年建國以來的政治領袖狄托過世以後，各聯邦國的向心力就變得日漸低落。

再加上冷戰結束、東歐革命諸多影響，南斯拉夫於1991年始有民主化運動，使得斯洛維尼亞和克羅埃西亞宣布獨立。

翌年1992年，波士尼亞與赫塞哥維納也宣布獨立。但其實波士尼亞與赫塞哥維納這個國家相當於南斯拉夫的縮圖，國內有**希臘正教（塞爾維亞人）、天主教（克羅埃西亞人）、伊斯蘭教（穆斯林）**三種宗教雜然並處。

如此狀況下，**國內的塞爾維亞人便與鄰國塞爾維亞串通一氣，大聲疾呼應該由塞爾維亞人施行統治，**使得波士尼亞戰爭成為南斯拉夫內戰當中最為激烈的一場戰鬥，塞爾維亞人甚至還訴求「民族淨化」而幹下殘殺穆斯林的暴行。

脫離聯邦獨立 內戰與民族問題

該暴行導致**NATO（北大西洋公約組織）**於1995年派兵空襲塞爾維亞勢力，使塞爾維亞人大受打擊、陷入苦戰。內戰一旦暫停，從此以克羅埃西亞人加上穆斯林組成的「波士尼亞聯邦」，以及由塞爾維亞人組成的「塞爾維亞共和國」兩個體制組成一個國家。各方也都接受如此決議，使得內戰至此終於告一段落。

南斯拉夫內戰的本質是民族問題，而冷戰的結束等於是解除了長期壓抑民族問題的桎梏。

●塞爾維亞人與克羅埃西亞人——民族淨化之戰

克羅埃西亞人

8世紀
受法蘭克王國統治
＊改宗羅馬天主教

10世紀
成立克羅埃西亞王國

12世紀
受匈牙利哈布斯堡家族統治

塞爾維亞人

9世紀
受拜占庭帝國統治
＊改宗希臘正教

14世紀
大塞爾維亞王國興盛繁榮
＊科索沃戰役敗北衰落

受鄂圖曼帝國統治，塞爾維亞人開始向周邊地區遷徙移居

19世紀
根據〈柏林條約〉宣布獨立

成立塞爾維亞王國

20世紀
塞拉耶佛事件

——第一次世界大戰——

1918年
哈布斯堡帝國崩壞

1918年　建立斯洛維尼亞人、克羅埃西亞人和塞爾維亞人國
＊1929年改名南斯拉夫

——第二次世界大戰——

1946年　南斯拉夫聯邦人民共和國成立

1991～1995年　南斯拉夫內戰
1991年　克羅埃西亞、斯洛維尼亞、馬其頓獨立
1992年　波士尼亞與赫塞哥維納獨立
2006年　蒙特內哥羅獨立
2008年　科索沃獨立

1995年
NATO轟炸

塞爾維亞

塞爾維亞人和克羅埃西亞人同在巴爾幹半島、同屬斯拉夫民族。20世紀以這兩個民族為主體建立了「南斯拉夫」（1918年為王國、1946年改制聯邦人民共和國）。第二次世界大戰以後，南斯拉夫在精神領袖狄托的領導下一度蓬勃發展，卻終究在1991年解體。翌年爆發波士尼亞戰爭（1992～1995年），穆斯林（伊斯蘭教徒）、塞爾維亞人（希臘正教徒）、克羅埃西亞人（天主教徒）雜處紛呈，內戰演變成民族紛爭。塞爾維亞人在塞爾維亞的支持下以「民族淨化」名義對異文化、異民族展開大規模攻擊甚至殺害，造成塞爾維亞人、克羅埃西亞人、穆斯林，三方互相殺害，藉以鞏固自身勢力的慘況。

●民族問題

義大利
斯洛維尼亞
匈牙利
舊南斯拉夫聯邦
羅馬尼亞
克羅埃西亞
新南斯拉夫聯邦（1992～2003）
波士尼亞與赫塞哥維納
塞爾維亞共和國
波士尼亞聯邦
塞爾維亞
蒙特內哥羅
科索沃
馬其頓
塞爾維亞人
克羅埃西亞人
阿爾巴尼亞人
馬其頓人
穆斯林
斯洛維尼亞人
蒙特內哥羅
混居地區

阿富汗戰爭【西元2001年】

21世紀對抗恐怖主義的戰爭

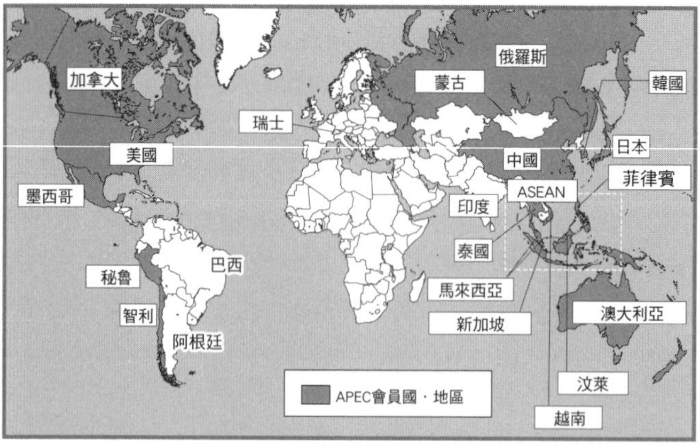

NAFTA	EU	MERCOSUR	ASEAN
人口 4.9億人	人口 5.1億人	人口 3.0億人	人口 6.5億人
GDP 23.4兆日圓	GDP 18.7兆日圓	GDP 2.6兆日圓	GDP 3.0兆日圓
貿易額 6.0兆美金	貿易額 12.8兆美金	貿易額 0.7兆美金	貿易額 2.9兆美金

（2018年）

2001年9月11日。世界震撼。

藉恐怖活動施行武力統治 對抗激進派的戰鬥從此開始

2001年9月11日，一架遭到劫持的民航機衝撞紐約市高達110層樓的世界貿易中心雙子星大樓，火光濃煙沖天而起，兩棟大樓應聲崩落。此即讓世人陷入恐懼深淵的**911同時多發恐怖攻擊事件**。

蓋達組織（註1）發動的恐怖攻擊跟1991年**波斯灣戰爭**其實有很深的關係。當時為對伊拉克實施軍事制裁，擔任多國部隊主力的美軍進駐沙烏地阿拉伯，也就是說這對歐美中東雙雄聯手要對付伊拉克。

伊斯蘭教的聖地麥加恰恰位於沙

註1：蓋達組織：伊斯蘭教激進份子賓拉登創立的組織，蓋達一語是基地的意思。

●阿富汗與武裝組織

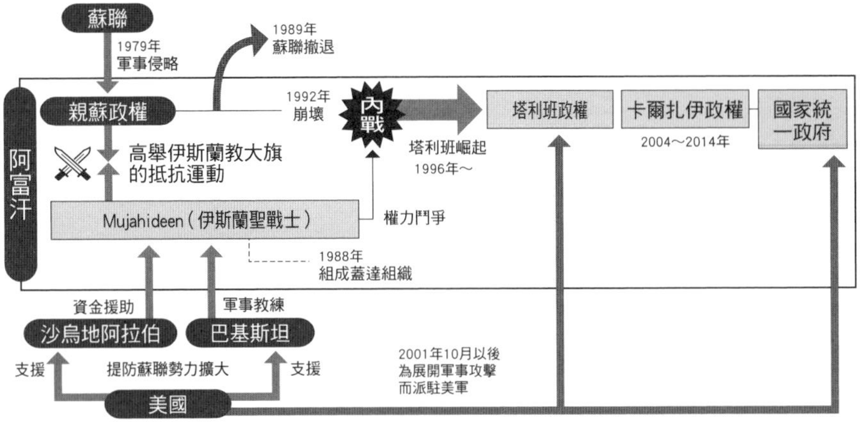
蘇聯
1979年
軍事侵略
1989年
蘇聯撤退
阿富汗
親蘇政權
1992年
崩壞
內戰
塔利班政權
卡爾扎伊政權
國家統一政府
2004～2014年
塔利班崛起
1996年～
高舉伊斯蘭教大旗
的抵抗運動
Mujahideen（伊斯蘭聖戰士）
權力鬥爭
1988年
組成蓋達組織
資金援助
軍事教練
沙烏地阿拉伯
巴基斯坦
支援
提防蘇聯勢力擴大
支援
2001年10月以後
為展開軍事攻擊
而派駐美軍
美國

巴米揚大佛遭破壞。

●塔利班的行動

塔利班此語有「伊斯蘭教神學學生」的意思，其最大特徵便是否認近代文明。

塔利班要求女性佩戴面紗，禁止女性就業與受教育，男性則有蓄鬍之義務。塔利班政權下沒有收音機、電視、電影等媒體，歐美文化全面遭到禁止。

塔利班政權統治之下，世界文化遺產巴米揚大佛被炸得粉碎，14歲少女因抗議禁止女子受教育而遭到槍擊，種種行為令世人瞠目。

烏地阿拉伯，而將伊斯蘭教教義視為唯一權威的基本教義派便單方面認定聖地已遭近代文明污染，對歐美甚是仇視憎恨。更有甚者，他們又不滿國際社會長期受到美國和歐盟主導把持，唯恐對伊斯蘭教造成不良影響。

蓋達組織便是在如此的狀況下應運而生。他們的活動據點設在塔利班（註2）執政的阿富汗，而塔利班向來就特別強調伊斯蘭教當中固有的反現代性，例如破壞佛像、主張女性不須受教育就是很好的例子。

而美國也在2001年向已經成為同時多發恐怖攻擊溫床的**阿富汗發動攻擊**，發動阿富汗戰爭。

註2：塔利班：伊斯蘭神學士之意。

克里米亞危機 【西元2014年】

克里米亞是否為俄羅斯的固有領土？

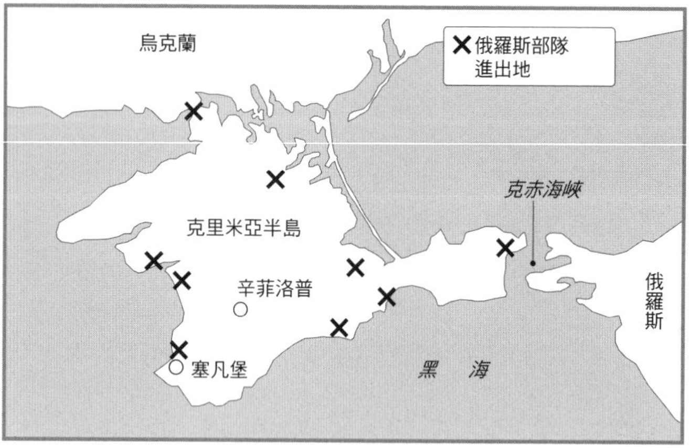
烏克蘭
✕俄羅斯部隊進出地
克赤海峽
克里米亞半島
辛菲洛普
俄羅斯
塞凡堡
黑海

俄羅斯展開軍事進攻 克里米亞半島是誰的土地？

2014年2月世界彷彿重新回到了冷戰時代，原因是**「克里米亞危機」**爆發。

俄羅斯軍隊占領了烏克蘭共和國的克里米亞半島。克里米亞半島位於黑海北岸，可直通地中海。「克里米亞半島乃是俄羅斯固有領土，絕不假手他人。」俄羅斯的強烈表態只在一轉眼就傳遍了全世界。

美國和歐洲各國齊聲譴責俄羅斯這次的軍事行動，但各國的態度其實有溫度差，許多國家害怕危及與俄羅斯的經濟關係，最終僅有發聲譴責而沒有採取進一步行動。因為這個緣故，克里米亞半島直到今日仍然是受俄羅斯實質統治。

烏克蘭的處境與現今狀況

克里米亞危機乍看像是突發事件，其實卻跟世界史的發展大有關係。

克里米亞本來就是1792年**俄羅斯從鄂圖曼帝國手中奪得的土地**，這也是因為俄羅斯一直都在追求可供航向世界的據點，也就是所謂的**「不凍港」**。俄羅斯取得此地以後，便有大量俄羅斯人陸續移居來到克

●講斯拉夫語的民族

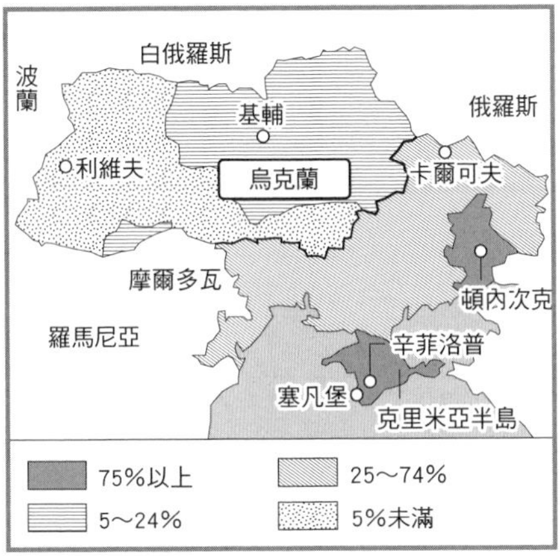
白俄羅斯
波蘭
俄羅斯
基輔
利維夫
烏克蘭
卡爾可夫
摩爾多瓦
頓內次克
羅馬尼亞
辛菲洛普
塞凡堡
克里米亞半島
75%以上
25～74%
5～24%
5%未滿

●克里米亞戰爭和托爾斯泰

以《戰爭與和平》等作品聞名的19世紀俄羅斯文豪托爾斯泰，曾經在克里米亞戰爭期間以軍人身分被派到激戰地塞凡堡。

焦點人物

南丁格爾

（1820～1910年）

南丁格爾在克里米亞戰爭（1853～1856年）期間致力救治傷兵，建立護士的社會地位。不光是如此，南丁格爾更可謂是現代醫院的先驅，她強調傷兵收容所必須保持良好通風，才能抑制細菌孳生。她又把醫院的牆壁塗成白色，致力維持衛生的醫療環境。

南丁格爾還指出1857年印度大叛亂當時衛生環境極差，造成英國士兵和當地人諸多健康問題，對印度公共衛生局的設立有很大貢獻。

里米亞半島。

1954年俄羅斯將克里米亞半島讓渡給現在的烏克蘭共和國，藉此拉攏當時仍是蘇聯成員國的烏克蘭。

可是1991年蘇聯解體以後，烏克蘭先是獨立自成一國，而且重視歐盟更甚於俄羅斯，所以俄羅斯也就鮮明地表達不予接受的立場。這便是俄羅斯發動軍事進攻的前因背景。

2014年3月，俄羅斯人早已占得人口多數的克里米亞半島舉辦公投，正式決定**克里米亞併入俄羅斯領土**。

後記～緬懷Ｈ氏～

筆者學生時代對國際政治史非常著迷，這堂課對不認真的我來說非常刺激，尤其１９５０年前後的東亞情勢最令我感興趣，具體來說就是「共產中國成立和韓戰」的部分。

毛澤東在建國之初便決定參加韓戰。國家草創時期竟然還投入百萬軍隊去打韓戰……那時我只道，中國還挺悠哉的嘛。

直到冷戰結束的１９９０年代，韓戰真相方才公諸於世。有一個人生涯致力於解開韓戰背後的真相，這人便是在野的日本研究家Ｈ氏。美軍在韓戰期間從北韓帶回了大量文件，收藏在華盛頓的國家檔案館。

Ｈ氏在屆齡退休以前便先辭去工作，拿著退職金前赴美國。直到現在我還記得當初見面，Ｈ氏曾經說過：「我在那裡租了個便宜公寓，每天泡在檔案館。」後來他的努力有了結果，由文藝春秋刊行出版。

Ｈ氏發表的內容讓全世界都大吃一驚，生動地向世人展示了原來韓戰是北韓在有所準備下侵略南韓的一項龐大計畫。這個如今已成高中歷史教科書「常識」的事實，在戰後很長一段時間裡其實鮮為人知，而筆者正是在那個時代下度過高中生活的其中一人。這便是現代史的可怕之處，尤其跟戰爭有關的部分更是如此。北韓、蘇聯等等這些共產黨獨裁國家用謊言欺騙世界，不惜以舉國之力創造假的歷史——這事對我造成極大衝擊。

Ｈ氏厭惡戰爭，也厭惡任何為一己私利而扭曲戰爭史、欺騙全球善良人類的國家和威權。Ｈ氏不惜耗費私財，將全副身心投入在戰後的亞洲戰爭史研究，這可不是僅憑一腔熱血便能辦到的事。筆者得知Ｈ氏已經離世而去，而筆者的這本書雖遠遠不能跟Ｈ氏的偉業相提並論，但不知他若是見到此書會說些什麼呢？

祝田秀全

東京出身。專攻歷史學。曾任東京外國語大學亞洲・非洲語言文化研究所研究員，在預備校和大學擔任講師。主要著作包括《2小時重點複習世界史》《2小時重點複習世界史（近現代史篇）》（均為大和書房出版）、《區域別世界史》（朝日新聞出版）、《東大生的常識世界史》《銀的世界史》（筑摩書房出版）等。興趣是鑑賞古典落語。夢想是去到加勒比海島國，成天泡在當地收成的咖啡豆裡面。

參考文献

■《銀の世界史》祝田 秀全(著)／筑摩書房
■《興亡の世界史 地中海世界とローマ帝国》木村 凌二(著)／講談社
■《イエス・キリスト》土井 正興(著)／三一書房
■《興亡の世界史 モンゴル帝国と長いその後》杉山 正明(著)／講談社
■《コーヒーが廻り 世界史が廻る》臼井 隆一郎(著)／中公新書
■《興亡の世界史 イスラーム帝国のジハード》小杉 泰(著)／講談社
■《興亡の世界史 近代ヨーロッパの霸権》福井 憲彦(著)／講談社
■《ヨーロッパ近代史》君塚 直隆(著)／筑摩書房
■《日本近現代史講義》山内 昌之・細谷 雄一(編著)／中央公論社
■《北の詩人》松本 清張(著)／中央公論社
■《民族問題入門》山内 昌之(著)／中央公論社
■《英霊の聲》三島 由紀夫(著)／河出書房新社
■《サイパンから来た列車》棟田 博(著)／TBSサービス
■《戦後史入門》成田 龍一(著)／河出書房新社
■《1969新宿西口地下広場》大木 晴子・鈴木 一誌(編著)／新宿書房

國家圖書館出版品預行編目資料

世界經典戰爭史：影響世界歷史的 55 場戰爭全收錄！/ 祝田秀全著、王書銘譯； 一初版一台北市：奇幻基地，城邦文化發行；家庭傳媒城邦分公司發行 2023.1
面：公分. -（聖典系列：53）
譯自：知識ゼロからの戦争史入門
ISBN 978-626-7210-02-4(精裝)
1.CST: 戰史 2.CST: 世界史

592.91 111018003

聖典系列 053

世界經典戰爭史：影響世界歷史的 55 場戰爭全收錄！

原 著 書 名／知識ゼロからの戦争史入門
作　　　者／祝田秀全
譯　　　者／王書銘
責 任 編 輯／張世國
發　行　人／何飛鵬
總　編　輯／王雪莉
業 務 經 理／李振東
行 銷 企 劃／陳姿億
資深版權專員／許儀盈
版權行政暨數位業務專員／陳玉鈴
法 律 顧 問／元禾法律事務所　王子文律師

出版／奇幻基地出版
台北市 115 南港區昆陽街 16 號 4 樓
電話：(02)2500-7008
傳真：(02)2502-7676
網址：www.ffoundation.com.tw
email：ffoundation@cite.com.tw

發行／英屬蓋曼群島商
家庭傳媒股份有限公司城邦分公司
台北市 115 南港區昆陽街 16 號 8 樓
書虫客服服務專線
02-25007718・02-25007719
24 小時傳真服務
02-25170999・02-25001991
服務時間
週一至週五 09:30-12:00・13:30-17:00
郵撥帳號：19863813
戶名：書虫股份有限公司
讀者服務信箱 E-mail
service@readingclub.com.tw
歡迎光臨城邦讀書花園
網址：www.cite.com.tw

城邦讀書花園
www.cite.com.tw

香港發行所／城邦（香港）出版集團有限公司
香港灣仔駱克道 193 號
東超商業中心 1 樓
電話：(852)25086231
傳真：(852)25789337

馬新發行所／城邦（馬新）出版集團
【Cite(M)Sdn. Bhd.(458372U)】
41, Jalan Radin Anum, Bandar Baru Sri Petaling, 57000 Kuala Lumpur, Malaysia.
Tel:(603)90563833 Fax:(603)90576622
Email:services@cite.my

封面插畫／PUMP
封面版型設計／Snow Vega
排版／邵麗如
印　刷／高典印刷有限公司
■2023 年 1 月 5 日初版一刷
■2024 年 9 月 4 日初版 2.3 刷

Printed in Taiwan.

售　價／450 元

ISBN 978-626-7210-02-4（精裝）